U0520695

WEST POINT
分享英雄的故事　期待榜样的力量

励志经典　★　全新修订版

西点军校
送给男孩的最好礼物

杨立军◎编著

上海教育出版社
SHANGHAI EDUCATIONAL PUBLISHING HOUSE

前言——致父母

男孩在18岁之前,都是父母眼中的孩子。但在男孩自己的心中,他们已经是男子汉的预备役,是一个年轻的男人啦。

他们渴望被认同,被理解,被赞美。

他们的内心跳跃着理想的火花,但那火花也会因为一点点挫折而被脆弱地浇灭。

他们的内心叫嚣着叛逆的思想,但那思想也会因为正确的疏导而转为正面的力量。

男孩需要真正的偶像,他们渴望知道那些在他们心目中闪闪发光的人物曾经有过什么样的故事。

男孩讨厌唠叨啰唆的教条,反反复复的说理让他们困顿烦躁想要逃离。

这里,没有老套的案例,不再提及教科书上念叨的名人。

这些经验和教训来自全世界最著名的培养男子汉的学府——西点军校,曾经诞生过无数热血英雄人物的摇篮。

西点军校前校长,曾经以发表"责任、荣誉、国家"的演说而奠定了西点军校校训的美国五星上将麦克阿瑟,曾经写过一篇《为子祈祷文》,如果你也能从中获得共鸣,那么你和你家的男孩就应该能够从本书中获益匪浅。

为子祈祷文

神啊!恳求您教导我的儿子,

使他在软弱时,能够坚强不屈;

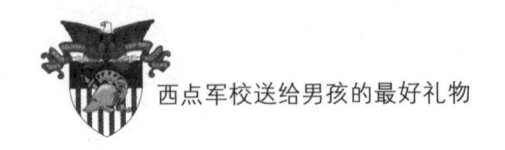

在恐惧时能够勇敢面对；
在诚实的失败中，毫不气馁；
在光明的胜利中，仍能保持谦逊温和。

恳求您教导我的儿子，
不致成为贪图安逸、舒适之徒；
不致匍匐在艰难与挑战的脚下；
能够在风暴中挺起胸膛；
并学会怜恤那些在重压之下失败跌倒的人。

恳求您教导我的儿子，
使他心地纯洁，目标崇高；
使他在能够指挥他人之前先驾驭自己；
当迈入未来之际，永不忘记过去的教训。

神啊！在他有了这些美德之后，
我还要祈求你赐给他充分的幽默感，
以免他过于严肃而苛求自己。
求你赐给他谦卑的心，
使他永远记得，
真正的伟大是简朴和单纯，
真正的智慧是坦率和真实，
真正的力量是温和和平静。

然后作为父亲的我，
才敢轻轻地说："我并未虚度此生！"

  从现在起，翻开本书，与您的男孩一起分享英雄的故事，期待榜样的力量！

前言——致男孩

男孩,你们在18岁之前,都是父母眼中的孩子。

因此,请允许我暂时称你们为:男孩。

但我知道,在你们自己的心中,你们已经是男子汉的预备役,是一个年轻的男人啦。

你们渴望被认同,被理解,被赞美。

你们讨厌唠叨啰唆的教条,反反复复的说理让你们困顿烦躁想要逃离。

你们需要真正的偶像,渴望知道那些在你们心目中闪闪发光的人物曾经有过什么样的故事。

这里,没有老套的案例,不再提及教科书上念叨的名人。

这些经验和教训来自全世界最著名的培养男子汉的学府——西点军校,曾经诞生过无数热血英雄人物的摇篮。

或许你可以通过阅读本书,向父母宣告:我,已经长大了!

从现在起,翻开本书,与你的父母一起分享英雄的故事,期待榜样的力量!

CONTENTS 目 录

这就是西点军校

西点军校的荣光与辉煌 / 3

➢ 3 700多位将军、两届美国总统、四位五星上将,数以千计的世界500强董事长,西点的荣光照耀着哈德逊河岸。正如五星上将麦克阿瑟曾经评价的那样:"我们需要的是战场上的狮子,由一头狮子带领的羊群能够战胜一只羊带领的群狮!"

西点式的人才培养 / 8

➢ 西点军校是这样明确其文化教育课程总目标的:毕业生能够有效地预见并适应一个在技术、社会、政治、经济等方面都在不断变化的世界。西点所主张的人才发展核心在于世界观的形成,包括个人目标的确立和个人愿景的构建。

这是送给男孩最棒的礼物 / 12

➢ 西点军校的故事和事例是送给男孩最棒的礼物。因为这些故事和事例来自全球最懂得培养男子汉的摇篮。学习他们的习惯和原则,将会使你成为别人眼中真正的小英雄、小绅士和真正的男子汉,将会让你变成父母眼中的骄傲,拥有与他们交流沟通的桥梁。

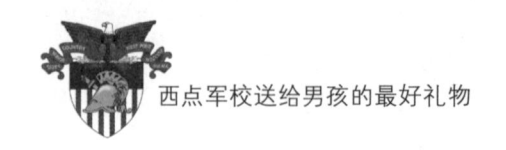

送给男孩的第一份礼物：
坚强勇敢的意志

合理的要求是训练，不合理的要求是磨炼 / 17

> 无论是怎样严苛的训练或是磨炼，在西点人眼里都是"勇敢者的游戏"，只有凭借勇气才能克服这些考验。在西点，各项训练是艰苦的，如果你不能忍受而选择逃避或是放弃，那你就必须选择离开，在"勇敢者的游戏"中，想要胜利就不能退缩，只能前进。

不勇敢打败怯懦，就得一辈子躲着它 / 22

> 一个男子汉可以为了光荣和自豪感而流泪，却不能为了害怕和恐惧而哭泣。在人生旅途中，不时穿插崇山峻岭般的起起伏伏，时而风吹雨打，困顿难行；时而雨过天晴，鸟语花香。微笑是面对困难最好的姿态，因为只有微笑着继续前行才是面对困境的唯一出路。

困难是勇者前进的号角 / 26

> 如果你相信自己是一把披荆斩棘无往不利的刀，那就要相信困难和挫折是一块不可或缺的磨刀石。困难对于一个勇者来说是磨刀石，也是垫脚石，是一笔财富而不是万丈深渊。庸人在困难面前屈服和动摇，勇者杀出重围掌握命运。

唯一值得恐惧的就是恐惧本身 / 30

> 在西点军校流传着这样一句话：如果你选择了天空，就不要渴望风和日丽。西点人深知恐惧是获得胜利的最大障碍，一个面对困难或风险畏缩不前、怕这怕那的人是不敢渴望胜利和荣誉的。西点需要的是通过胜利和荣誉证明自己的勇士，而非畏首畏尾的懦夫。

行百里者半九十 / 35

> 有位名人曾经说过："一个有坚定信念的人，胜过一百个只有兴趣的人。"生命是一场马拉松竞赛，最大的敌人不是你的对手，而是你自己。

永远没有失败，只是暂时停止成功 / 43

> 失败者与成功者最大的区别就在于成功者永远比失败者多走一步，多在跌倒后爬起来一次。曾任西点军校校长的克里斯曼中将说过："信心和毅力，比西点军校的毕业证书更重要。"西点军校就是本着这样的精神告诫着所有向前迈进的人：西点不相信眼泪！成功也不需要眼泪和抱怨，而需要付出和汗水。

目 录

送给男孩的第二份礼物：
责任荣誉的准则

没有任何借口 / 51

▶ 在西点军校，有一个广为流传的悠久传统，那就是当学员面对军官问话时，只能有四种回答："报告长官，是。""报告长官，不是。""报告长官，不知道。""报告长官，没有任何借口。"西点军校就是要让学生明白，学习没有借口，工作没有借口，自己的人生更是没有任何借口。无论面对怎样的困难，遭遇什么样的环境，都必须学会对自己的行为负责，都必须全力以赴去完成自己的目标。

西点荣誉准则 / 56

▶ 西点著名的"荣誉准则"——"每个学员绝不撒谎、欺骗或盗窃，也绝不容忍其他人这样做"。这"四不"信条，来源于美国陆军使用的军官荣誉信条和传统格言。西点如此重视和捍卫荣誉准则，是因为西点培养的不仅是一名军人，更是社会的精英。

魔鬼总在细节中下手 / 62

▶ 魔鬼总是选择在细节中下手，在你稍不留神之间，它就会偷偷地侵蚀渗透，最后带来严重的后果。点滴的小事之中蕴藏着丰富的机遇，不要因为它仅仅是一件小事而不去做。要知道，所有的成功都是在点滴之上积累起来的。

男子汉的肩膀才承担得起责任 / 70

▶ 西点军校的学员都非常熟悉这样一句名言："人生所有的履历都必须排在勇于承担责任的精神之后。"男孩作为男子汉预备役，想要转正为真正的男子汉，就需要明白，生活中我们需要履行承诺，说到做到，令行禁止才能够获得他人的认同和尊重。

诚信胜于一切雄辩 / 73

▶ 有一位教育学家曾经说过：我眼中的好学生无非需要两方面的能力，一是"聪明"，即无论智商、情商都很高；二是"努力"，愿意尽其所能成为顶尖的人才。然而如果没有"诚信"作为这两项能力的基础，所谓人才也就不再是人才，甚至有可能走上不归路。

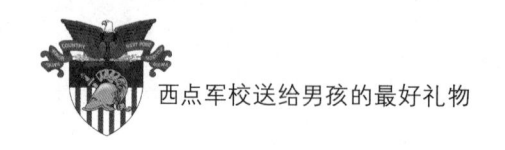

送给男孩的第三份礼物：
谨慎自制的智慧

冲动绝不是英雄的性格 / 79

> 即使你是去做一件正确的事情，都有必要衡量环境因素等各方面的风险再行动，任何事情如果危害他人的利益、威胁到自己的安全都应当立即终止。

任何情况下都保持理智 / 83

> 科学家蒲柏曾经说过："我们航行在生活的海洋上，理智是罗盘，情感是大风。"当人们丧失理智时，他的判断力、理解力和自制力都会急剧下降。失去理智之后，人们总是将事情局限于表面而难以冷静地纵观全局，从而错失了解决问题和冲突的机会。

强者才做得到遵纪自律 / 90

> 西点不提倡盲目服从。西点军校提出的"服从"，绝不仅仅是"听话"，也不仅仅是机械地遵照上级的指示。服从需要个人付出相当大的努力，它需要在一定限度内牺牲个人的自由和利益。

高度自制才能实现高度自由 / 96

> 想要成就一番丰功伟绩，超强的忍耐力和自我克制能力必不可少，盲目的冒进和冲动并非真正的勇敢，它只会让你走向失败。这也就印证了歌德的一句名言："一个人不能控制自己，就不能控制他人。只有先控制自己，才能控制他人。"

将自己看作问题的根源 / 103

> 将自己视为问题的根源，在遇到任何问题时，首先想到的是："我能够如何改变现状？""我要如何处理？""我还可以做些什么？""我要如何做得比别人更好？"

送给男孩的第四份礼物：
宽容谦虚的风度

相信自己 宽容待人 谦虚做事 / 111

目 录

> 西点希望学生能够被打磨得为人有信心、对他人宽容、做事态度谦虚,能够成为一名最棒的将军同时也是谦谦君子。弥尔顿曾经说过:"只有对自己抱着客观、公正、真诚的自信,我们才能完成有价值的事业,才会赢得他人的掌声。"

胸襟的广阔决定处世的高度 / 121

> 天空收容每一片云彩,不论美丑,故天空广阔无比。做人也是一样,胸襟广阔,才拥有更高的境界。胸襟广阔,代表你能够站在别人的角度思考问题,代表你能够从善如流合理采纳他人的建议,代表你能够用一种成熟有高度的方式处世。

谦虚的态度打开宽广的视野 / 125

> 骄傲就如同一位殷勤的"向导",专门把无知与浅薄的人带进满足与狂妄的大门。一个人,一旦有了满足和狂妄,往往便无法再向前了,相反,一个真正的成功者永远明白自己的不足,正是这些不足敦促着他们向更高的目标前进。

良好的礼仪助你拥有谦虚的风度 / 130

> 爱默生说:"美好的行为比美好的外表更有力量。美好的行为,比形象和外貌更能带给人快乐。这是一种精美的人生艺术。"对所有的人都以礼相待,尊重每一个人,这样的人才能受欢迎。

谦虚的风度首推学无止境的境界 / 135

> 有这样一句名言:"我们的知识乃是无知的汪洋大海中的一个小岛。"一个无知的人总认为天下没什么可学的,因而自认为无所不知,其实却是最大的无知。

送给男孩的第五份礼物:
团队合作的精神

个人英雄时代已经结束 / 143

> 在非洲的草原上,如果见到羚羊在奔逃,那一定是狮子来了;如果见到狮子在躲避,那一定是象群在发怒了;如果见到成百上千的狮子和大象集体逃命的壮观景象,那就意味着整个蚂蚁军团来了。

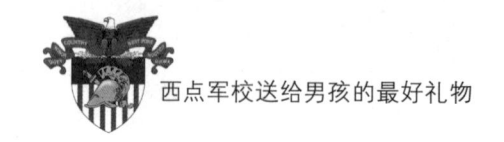

一个人不可能演奏出协奏曲 / 148

> 一个再如何伟大的英雄也不能代替整个团队,一个人无论如何无法演奏出美妙的协奏曲。竞争总是与合作并存的,越是激烈的竞争,越是需要相互之间的协同合作,合作是发展的必然方向。

人多不一定力量大 / 152

> 在群体组织中,并不必然会得出1+1>2的结果,一个普通的团队人数再多,也并不必然能够战胜一个成员不多而真正高效的团队。真正高效的团队就像一个聚光镜一样,可以将一束束阳光汇聚到一起,从而产生巨大的能量。

从"我"到"我们" / 157

> 当你和他人交流探讨时,能够产生灵感的火花;当你向经验丰富的老师、家长和师兄师姐请教时,能够少走许多的弯路;当你借助集体的力量时,许多复杂的问题会迎刃而解。

没有完美的个人,只有完美的团队 / 163

> 在西点军校体育馆的墙上,有这样的口号:"今天,在友谊的运动场上,我们播下种子;明天,在战场上,我们将收获胜利的果实。"

不想当将军的士兵不是好士兵 / 167

> 西点人立足高远,志在成为不同行业的翘楚。西点军校非常注重在校生领导力的发展,教导西点人懂得"向老兵学习,以上司为榜样",懂得怎样才是一个杰出领导所需要的最佳行为。

送给男孩的第六份礼物:
吃苦耐劳的态度

不受百炼,难以成钢 / 173

> 不受百炼,难以成钢。一个人能否成功,环境、机遇、天赋、学识等外部因素固然重要,但更重要的是自己是否勤奋。缺乏勤奋精神,哪怕是天资奇佳的雄鹰也只能空振双翅;而具备勤奋精神,哪怕是行动迟缓的蜗牛最终也能雄踞塔顶,观千山暮雪,渺万里层云。

勤奋比天分更重要 / 179

> 懒惰是最大的罪恶,在西点,每个人都明白这个道理,所以每个学员都利用有限的时间学习最多的东西。没有人浪费时间,也没有人闲散偷懒,甚至没有人会容忍偷懒的行为。作为一名军人,勤勉已经变成了一种自觉的行为,变成一种责任。

拖延导致平庸,行动成就卓越 / 184

> 富兰克林精辟地说过这么一句话:"成功与失败的分水岭可以用这几个字来表达——我没有时间。"每个人每天都有同样多的时间,成功人士的秘诀在于总能为自己"挤出"所需要的时间,平庸之辈则总是"没有"时间。

积极乐观,主动出击 / 191

> 教官在教授学生击剑时告诉学员:"不要假设自己手中的剑要是再长一点,你就能够击败对方了。事实上,无论你的剑有多长,如果你不能够主动进攻,都是无济于事的。记住只要你向前进一步,那么你的剑自然就变长了。"

方法和努力同样重要 / 198

> 尽管现在的男孩很需要吃苦耐劳的态度和百炼成钢的承受力,但是盲目的埋头苦干,不讲究方式方法也并不可取。

健康的精神需要健全的体魄 / 204

> 麦克阿瑟提出"每个军校学生都是运动员"的口号,他认为,体育锻炼能够培养西点学生坚忍不拔的性格、自我控制和快速反应的能力。1915年西点毕业生、美国五星上将布拉德利曾经说过:"我的自我约束能力得益于长期进行长跑所锻炼的耐力。"

送给男孩的第七份礼物:
心存远大的志向

远大的理想激发无限潜能 / 209

> 美国陆军的新兵招募口号是:"实现你全部的潜能"(Be all you can be)。而西点军校的招生口号则是:"我们将不断地挑战和磨炼你,促使你努力成为一个全面发展的领袖人物。"西点的学生冲着这些口号而来就已经意味着,他们理想远大,旨在成为一个全面发展的人才,一位经受得住挑战的领袖人物。

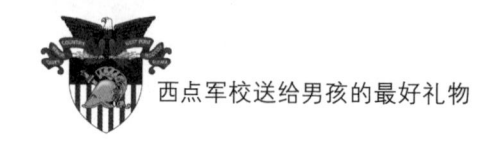

志向决定发展格局 / 217

➢ 志向决定了发展的格局,西点学生因为他们的高起点而拥有更高的人生志向,他们用自己的努力为西点造就了今日的辉煌。高起点的志向如同成功道路上的一盏明灯,让在这条路上前进的人们永远向着前方的光明行进。

有了目标立即行动 / 222

➢ 一张地图,不论多么详尽,比例多么精确,也永远不可能带着它的主人在地面上移动半步。一个国家的法律,不论多么公正,永远不可能防止罪恶的发生。任何宝典,如果我们不去实行,永远不可能创造财富。只有行动才会带来结果。

成功就是每天进步一点点 / 229

➢ 成功由无数个小目标组成,聚沙成塔,每一个小目标的累加就是大理想的达成。没有一个成功者不是一点一滴一步一个脚印走过来的。

从失败中学习 / 232

➢ 西点军校的约翰·科特上尉说:"勇敢地面对挑战,同时大胆采取行动,然后坦然地面对自己。检讨这项行动或成功或失败的原因,你会从中得到经验教训,然后继续向前迈进,这种终生学习的持续过程会成为你在这个瞬息万变的环境中的立足之本。"

西点军校的必胜信念 / 236

➢ 西点军校的学生有一个挂在嘴边的信条:Can-do and Winning Attitude——必胜的信念。无论是面对学习排名,或是体育赛事的名次,又或者是被赋予的挑战任务,学生都必须具有一种必胜信念,他们的口号是:We can do it——没有什么不能搞定的。

这就是西点军校

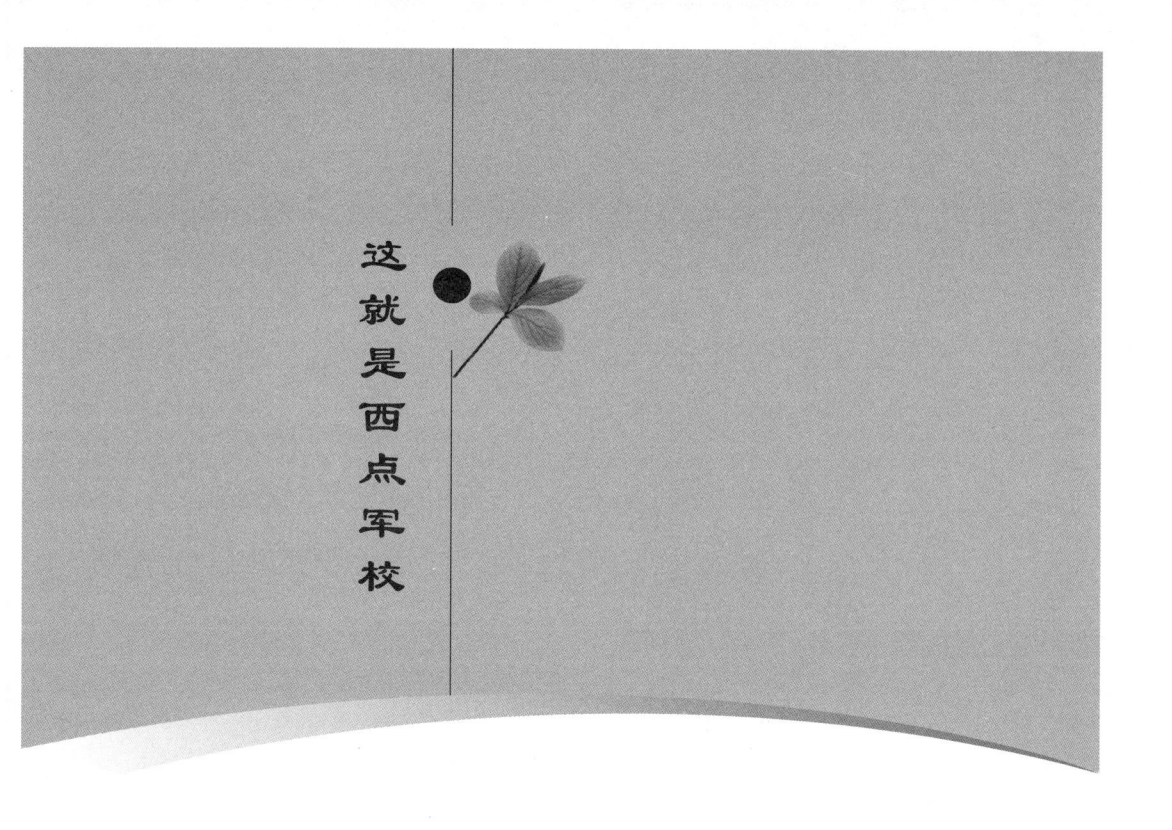

☺ 在横贯美国纽约州的哈德逊河西岸,河水围着一块近50平方公里的岩石坡奔流弯折而过,这块岩石坡被称为"西点",上面坐落着举世闻名的美国军事学院(The United States Military Academy at West Point),也就是我们所熟知的西点军校。

☺ 3 700多位将军、两届美国总统、四位五星上将,数以千计的世界500强董事长,西点的荣光照耀着哈德逊河岸。正如五星上将麦克阿瑟曾经评价的那样:"我们需要的是战场上的狮子,由一头狮子带领的羊群能够战胜一只羊带领的群狮!"

☺ 西点军校的故事和事例是送给男孩最棒的礼物。因为这些故事和事例来自全球最懂得培养男子汉的摇篮。学习他们的习惯和原则,将会使你成为别人眼中真正的小英雄、小绅士和真正的男子汉,将会让你变成父母眼中的骄傲,拥有与他们交流沟通的桥梁。

西点军校的荣光与辉煌

走进西点军校

在横贯美国纽约州的哈德逊河西岸,河水围着一块近50平方公里的岩石坡奔流弯折而过,这块岩石坡被称为"西点",上面坐落着举世闻名的美国军事学院(The United States Military Academy at West Point),也就是我们所熟知的西点军校。

说起西点军校的历史,就不得不追溯到美国的独立战争。西点位于哈德逊河S弯道的拐点之处,哈德逊河流经西点时因为弯度大而河水湍急,过往的大型船舶经此不得不减速,如果敌船来犯,就会因为减速而受到攻击。因此西点占据河西岸居高临下的高地,颇有些"一夫当关、万夫莫开"之势。到了美国独立战争期间,哈德逊河成为当时美国和英国掌握战争主动权的控制焦点,因此西点镇也就成为美军防御的战略要地。

独立战争胜利后,美国开国元勋乔治·华盛顿就选中西点为堡垒建筑点,着手建立一所军事院校,培养顶级的职业军官和军事技术人才。华盛顿曾经说过:"西点好比打开美国的一把钥匙,在这里创办这所军事学校是美国发展的头等大事。"可见建立西点军校的高度战略意义。

1802年7月4日,美国独立纪念日这一天,美国历史上的第一所军校——西点军校宣告成立。首批学员不过寥寥数人,其中包括后来

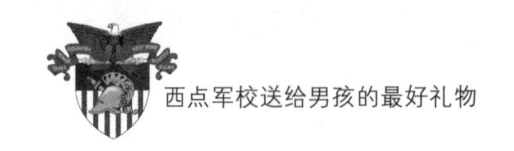

被称为"西点之父"的西尔韦纳斯·塞耶上校。塞耶上校学习了拿破仑的军事教育思想，研究了欧洲著名的军事训练方法和办学经验，并在此基础上对西点进行了全面而又卓有成效的体系建设，明确了清晰的办学方针和原则，提高了西点的学术水准，严明了军事纪律，更创建了学员自我约束的"荣誉制度"，奠定了西点军校在美国历史上的特殊地位。

西点军校从成立第一天开始就把培养第一流的军官作为办校的宗旨，在学员入学条件方面秉承着严格的要求，对学员的学业成绩、体育能力、身高标准都有着明确的标准。西点军校的学制为4年，课程包括文科、理科、军事科学、工程、信息、反恐、国际安全法和体育等各个方面，每年的暑期还会进行严酷的野外训练。

曾经担任西点军校校长的五星上将麦克阿瑟曾经这样评价过西点培养军官的目标："我们需要的是战场上的狮子，由一头狮子带领的羊群能够战胜一只羊带领的群狮！"

由此可见西点军校人才培育的高要求和高目标，或许正是因为这样，经过了两百多年的发展，如今的西点军校已经成为名人的摇篮。

这里是名人的摇篮

两百多年来，西点一直被称为"美国将军的摇篮"，是培养顶级军官的地方。西点培育了一代又一代名将和军事人才，据初步统计，西点军校诞生了3 700多位将军，从南北战争到海湾战争，西点军校的毕业生创下了举世瞩目的辉煌战绩。

如果我们细心阅览美国军事发展的历史，就会发现每一篇章都留下了西点毕业生的足迹。凡是有美国参与的战争，就一定有西点军校毕业生的身影。

曾经有人统计过，在美国内战的60次重大战役中，西点毕业生指挥的战役多达55次；在第一次世界大战中，参战的38个军团和师团级司令之中有34个来自西点；在第二次世界大战中，美国陆军的90多个师的司令官一半毕业于西点军校，而二战后受英国首相丘吉尔表彰的最杰出的30名美国将军中，有21名是西点军校的毕业生。

让我们来看一下这些显赫的名字：美国南北战争中的北方联邦军总司令格兰特；南部联盟军总司令罗伯特·李将军；第一次世界大战中美国远征军总司令约翰·潘兴；第二次世界大战中的太平洋盟军统帅麦克阿瑟；欧洲战场盟军总司令艾森豪威尔，第12集团军群司令布拉德利；第3集团军司令巴顿；中印缅战区司令史迪威；侵越美军司令威斯勃兰特；海湾战争中央总部司令施瓦茨科普夫；科索沃战争美军指挥官克拉克将军等。

西点毕业的军官的足迹遍布全世界，从北非的沙漠到太平洋的荒岛都曾经有过西点毕业生叱咤风云的踪影。

美国有史以来一共只有5位五星上将，其中有4位毕业于西点：艾森豪威尔、麦克阿瑟、布拉德利、阿诺德。

曾经有一位西点校长感叹道："西点所教授的历史大部分其实正是由西点学生本身创造的。"看似有些狂妄的一句话却道出了事实，尤其在西点军校成立的前一百年，可以毫不夸张地说，很少有一个学校能够像西点军校那样为美国培养了如此之多的有历史影响的公民。直至今日的美军中，大多数将校军官仍然出自西点军校。

然而西点在培养人才方面的野心还不止于此。随着时代的发展，西点军校并不仅仅着眼于军官的培养，而是对于学生有着全面的发展定位，尤其着力于对学生性格、纪律、毅力等方面进行塑造，因此其培养的不仅是一名军人，而且是美国社会的精英！

西点曾经培养出两届美国总统，分别是：尤利乌斯·格兰特，1843年毕业于西点，1869年起担任了两届美国总统；德怀特·艾森豪威尔，美国第34任总统，1915年毕业于西点，陆军五星上将。

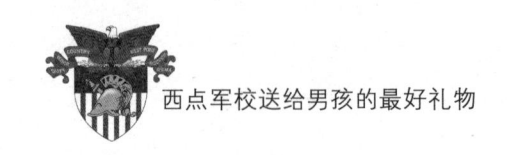

西点军校毕业生在商界的地位同样不可小觑。根据美国商业年鉴统计,第二次世界大战后,在美国500强企业中,有一千多名董事长、两千多名副董事长、五千多名董事和总经理毕业于西点军校。这个数字可以说超过了几乎所有赫赫有名的商学院。可口可乐和通用电气均有总裁出自西点军校,国际银行主席奥姆斯特德,军火大王杜邦,巴拿马运河总工程师戈瑟尔斯,第一个在太空中行走的宇航员怀特……政治家、企业家、科学家,西点培育了无数英雄、领袖、将军和权贵,美国历史和这所学校难解难分。

西点军校之所以能够如此成功,与西点秉持的荣誉制度、原则和精神有关,也因此使得无数有志青年前赴后继地通过激烈竞争试图成为这所名校的一员。

通往摇篮的竞争

要成为被称为"名人的摇篮"的西点军校一员,显然不是非常容易。公开招考合格人才,是西点办学的原则之一,虽然申请西点军校有着不少限制,但是西点仍然可以豪言壮语"我们不愁没人申请"。事实确实如此,每年都有一万余名符合入学条件的申请者申报西点军校,但是只有不到一半的人能够得到提名推荐,最终则仅有一千余名学生能够被择优录取。在符合条件的申请人之中只有百分之十的录取率,其录取难度绝不亚于哈佛和麻省理工之类的综合类名校,如果再考虑到西点对于申请人的国籍和身体素质等方面的额外要求,可以说西点军校的申请难度堪称数一数二了。

由于没有研究生院,因此西点军校属于特殊的人文教育大学。而其入学吸引力还有另外两个重要的原因:一是因为西点军校的教育是全免费的,而且毕业后工作也比较有保障。二是因为西点军校的管理极其严格,学生基本不会遇到种种不良诱惑,也严厉禁止精神颓废的现象,这一点可以说大大受到学生家长的欢迎。

然而西点军校的申请资格确实不容易达到,申请人必须是美国公民,具有优异的高中学习成绩和联考成绩,在年龄和身高等方面均有限制。并且想要成为西点的一员,必须能够通过严格的体能测试,达到军队健康标准,跳远、俯卧撑、短跑等项目的要求真正落实了"德智体"全面发展的必要性。即使以上要求全部达到了,申请人还需要寻求法律规定的推荐人的提名推荐,总统、副总统、参议员、众议员、州长、市长或部队主管的推荐也仅仅能够帮助申请人获得资格而已,最终仍然只有较低比例的申请人能够获得录取书。

优良的学习成绩、强健的体魄、推荐人对申请人的品格认可……直到最终被录取,真是有着千军万马过独木桥的势头。但是别以为入校之后就一劳永逸了,因为西点军校学员自入校之日起,就要进行严格的检验与筛选,实行优化与淘汰制。这些举措是从1843年起就由国会以法律的形式明确下来的,不容撼动,严格地保障了学员的高质量。每个学员在考入西点前都要做好被淘汰的思想准备。相关统计表明,第一学年西点的新生淘汰率为23%,而最终能学完四年毕业的学员占入学总人数的70%左右。从录取的过程到四年的培养直到学员毕业,学校的管理严格且铁面无私,确保西点学员始终保持最高素质。难怪在西点军校两百周年校庆时,学校敢于打出这样的口号:"西点军校:永恒的领袖!"

西点式的人才培养

尽管西点军校的历史荣光闪耀,但这所学校并不自满于过往的记录,而是力求做到与时俱进。从招生规模到课程设计以及校园活动的安排,都透露出西点军校打造一流人才的愿望。正如同其使命所述的那样:教育、培训并激励学员履行"责任、荣誉、国家"的价值观,成为值得托付的领导者,成为卓越的专业人士,成为服务于美国军队的军官。(To educate, train, and inspire the Corps of Cadets so that each graduate is a commissioned leader of character committed to the values of Duty, Honor, Country; and prepared for a career of professional excellence and service to the Nation as an officer in the United States Army.)

要成为一名真正的西点人,不仅仅是考入西点军校成为一名西点在校生那么简单。在校期间他们需要经受许多的考验,需要应对比一般高校更为繁重的课程安排,并需要达成西点为其人才培养所设定的一系列要求。

西点军校的课程目标

西点军校是这样明确其文化教育课程总目标的:毕业生能够有效地预见并适应一个在技术、社会、政治、经济等方面都在不断变化的世界。(Graduates anticipate and respond effectively to the uncertainties of a changing technological, social, political, and economic world.）

对应于这样的课程目标,西点军校对其毕业生的要求自然也不低:毕业生应当成为值得被委任的领导者,具备充分的智慧和道德责任感,接受充分教育,拥有专业技能水平、道德水准和强健的体魄。(... commissioned leaders of character who, in preparation for the intellectual and ethical responsibilities of officership, are broadly educated, professionally skilled, moral-ethically and physically fit, ...)

有鉴于西点军校的这种高标准和严要求,其课程设计的目标也是非常严苛的。在数理科学方面,西点人必须能够运用应用性的科学、数理和计算机技能来思考和解决复杂问题;在工程科技和信息科技方面也需要掌握充分技能来应对不断变化的科技环境;在历史和文化发展方面,西点人需要对全球文化差异具备基本了解;在行为学方面,西点人需要理解个人和组织以怎样的行为模式去获取社会、政治和经济目标。不仅如此,西点对其毕业生在各项综合能力素质领域的要求更是毫不含糊,西点人必须在沟通和创造力上有着卓越的表现,并展现出追求持续进步的能力和愿望。

在公认的高标准驱使下,从1933年起,西点军校的毕业生不仅能够获得学士学位,还能够获得一个美军准尉的军衔。然而这样的双重荣誉并非轻易能够获得的。每位西点人必须在四年中修满一百个基本大学教育学分,二十七个专业课学分以及三十余个选修学分。以每门课三个学分来计算,西点学生的四年学生生涯可以说任重道远。

曾经担任西点军校校长的五星上将麦克阿瑟曾经这样评价过西点人的培养目标:"我们需要的是战场上的狮子,由一头狮子带领的羊群能够战胜一只羊带领的群狮!"

因为这样的目标,西点军校对于西点人的培养可谓野心勃勃,在

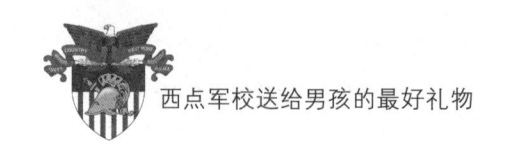

其领导力发展手册中,明确了西点军校的人才发展模型,一个全方位打造西点毕业生综合能力的发展框架。

西点军校的人才发展模型

西点军校通过两百余年的教学探索,随着历史文化的变迁,顺应着时代的潮流,明确了属于西点军校的独特的人才发展模型。

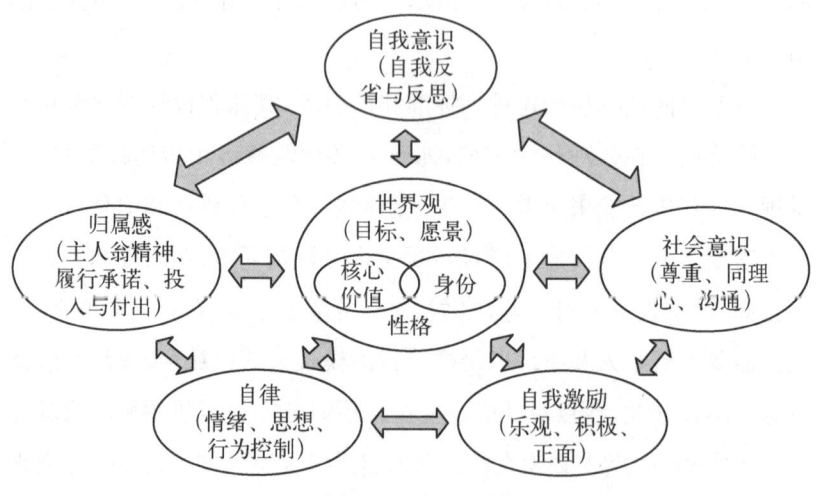

西点军校人才发展模型

注:翻译自西点军校领导力发展手册

如"西点军校人才发展模型"一图所示的那样,西点军校所主张的人才发展核心在于世界观的形成,包括个人目标的确立和个人愿景的构建。

首先,西点军校所认可的人才必须具备明确的自我意识,通过不断的自我反省与反思发现自身的核心价值观,明确自己的身份定位,加强性格的塑造,从更为全面和完整的角度来理解自身的经历和看待这个世界。

其次,西点军校倡导每位学员都必须对相应的组织和机构具备充分的归属感。为此西点军校充分发展学员的责任感,促使学员参与各种具有挑战性的活动,并力争做到最好。

自律性一直以来都是西点人自傲的优点。西点军校要求学员懂得管理自己的情绪、思想和行为,加强自我调节,从而真正成为自己的主人。

西点军校致力于培养学员具备克服一切困难的勇气,因此尤为倡导学员进行自我激励。无论是面对西点军校的魔鬼训练营,还是毕业生将来面对职场甚至战场的磨砺,他们都需要乐观并充满期待地去努力克服困难。

西点军校的人才发展模式最后强调的一点就是,学员社会意识的发展。当学员具备了自我意识、自我约束和自我激励的能力,具备了相应的组织归属感之后,他们还需要明确自己在社会中所立足的位置,学会尊重、同理心和沟通的技能,懂得如何与他人合作。

西点军校的历史文化传统、校训、人才发展模式以及课程目标等共同构成了西点军校的特点,而这些特点也为男孩们树立了行为准则的指导和努力前进的目标。作为全世界最著名的培养男子汉的殿堂,西点军校的准则和学员的故事可以说是送给男孩的最棒的礼物。

■ 这是送给男孩最棒的礼物

成长的烦恼

作为男子汉的预备役,男孩有着许多成长的烦恼。男孩常常觉得自己只不过做了些没什么大不了的事情,但是妈妈却不停地唠叨,爸爸则被气得跳脚。就让我们一起来聊一聊那些或多或少困扰你们的烦恼吧。

你并不想要争吵和打架,但常常因为一些事情或言语冲突,忍不住就冲动起来。

有些时候,你觉得苦闷烦躁,别人无法安抚你的情绪,但做些有攻击性的事情让你觉得挺爽。

有压力的时候,不知道该如何表达,只想冲动地做些事情才觉得舒服。

有时候很想坚持做好一件事情,但实在没有耐心。

希望能够好好读书让爸爸妈妈高兴,但就是安静不下来认真看书,注意力根本集中不起来。

有时也会胆小、怯懦,但不想被人看出来。

听到爸爸妈妈啰唆觉得很烦躁,不知道到底要怎样才能达到他们的期望,不如什么也不做。

其实很想做些事情证明自己,让爸爸妈妈夸奖自己。

不晓得怎样处理团队关系,有时觉得自己很孤独。还有些时候,发现打架斗狠能让自己成为头儿,这种感觉不错。

以上这些烦恼男孩或多或少有一些,并不是每一条都令人烦恼,但是总有那么些问题不知该如何面对和解决。

小小的男子汉,相信你们希望自己变得坚强勇敢、谦虚好学;希望自己能够融入团队获得朋友;希望达成父母的期望变成一个他们眼中的乖儿子,只是你们少了一些有效的鞭策和努力的方向,不如看一看偶像们是怎么做的,寻求榜样的力量。

榜样的力量

能够成为西点军校的学生,都需要经过百里挑一的层层筛选,然而他们在成为真正的男子汉的道路上同样需要榜样的力量。

西点军校的东北角处,有一块高地,可以俯瞰哈德逊河。这块高地上矗立着一座巨大的花岗岩石柱:战斗纪念碑。从战斗纪念碑往南遍布着二三十座西点军校主建筑群,这些礼堂、教学楼、办公楼和营房均以与西点有关的名人来命名,诸如华盛顿大楼、艾森豪威尔大楼、格兰特大楼、李军营、谢尔曼军营和麦克阿瑟军营,等等。

而西点校园中央大草坪周围则矗立着七座西点名人的塑像和纪念碑,包括美国国父华盛顿、校父赛亚以及历史上著名的巴顿将军等。

西点正是通过这些纪念碑、以本校名人命名的大楼等点点滴滴为学生树立榜样,向学生渗透一种榜样的力量。每一位西点学生都以他们最光荣的校友为荣,以他们为榜样,向他们学习。而能够成为西点榜样的名人也同样着眼于为后人留下精神力量。例如西点社会科学系将其办公楼命名为林肯楼,就是为了纪念西点社会科学系曾经最著名的系主任:乔治·林肯。而林肯就曾经说过这样一句格言:纪念碑上所刻的字并不能代表我们的成就,只有当我们能够在学生和年轻军官们的品格与能力发展道路上留下印记,才能够真正代表我们完成

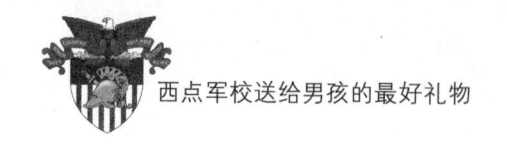

使命。

在美军历史上，获得授勋最多的军人，是 1903 年以第一名成绩毕业于西点军校的麦克阿瑟将军。他一生获得过 59 个奖章和勋章，16 条橡叶绶带和 18 个战役勋章，包括美国最高等级的勋章：荣誉勋章。美国国会在他的荣誉勋章上镌刻着如下文字：澳大利亚的保卫者、菲律宾的解放者、日本的征服者。曾经有人认为麦克阿瑟将会活跃于政坛，然而他却在 39 岁时选择成为西点军校最年轻的校长，因为他致力于为西点学子们树立榜样，培养最棒的军官。他曾经教导西点学子：今天撒播下的种子，将成为明天收获胜利的果实。他曾经的演讲主题"责任、荣誉、国家"成为西点军校无可替代的校训。

这就是真正的西点榜样，西点的天之骄子们都以他们为榜样。小小的男子汉们，或许你们也可以从他们的故事中汲取养料，获得力量，克服自己成长道路中的烦恼与困扰。

西点军校的故事和事例是送给男孩最棒的礼物。因为这些故事和事例来自全球最善于培养男子汉的地方。学习他们的习惯和原则，将会使你慢慢成长为别人眼中真正的小英雄、小绅士，使你慢慢成长为真正的男子汉，将会让你成长为父母的骄傲。

就从这里开始，让我们解开七彩礼物的缎带，开始一段收获礼物的奇妙旅程吧。

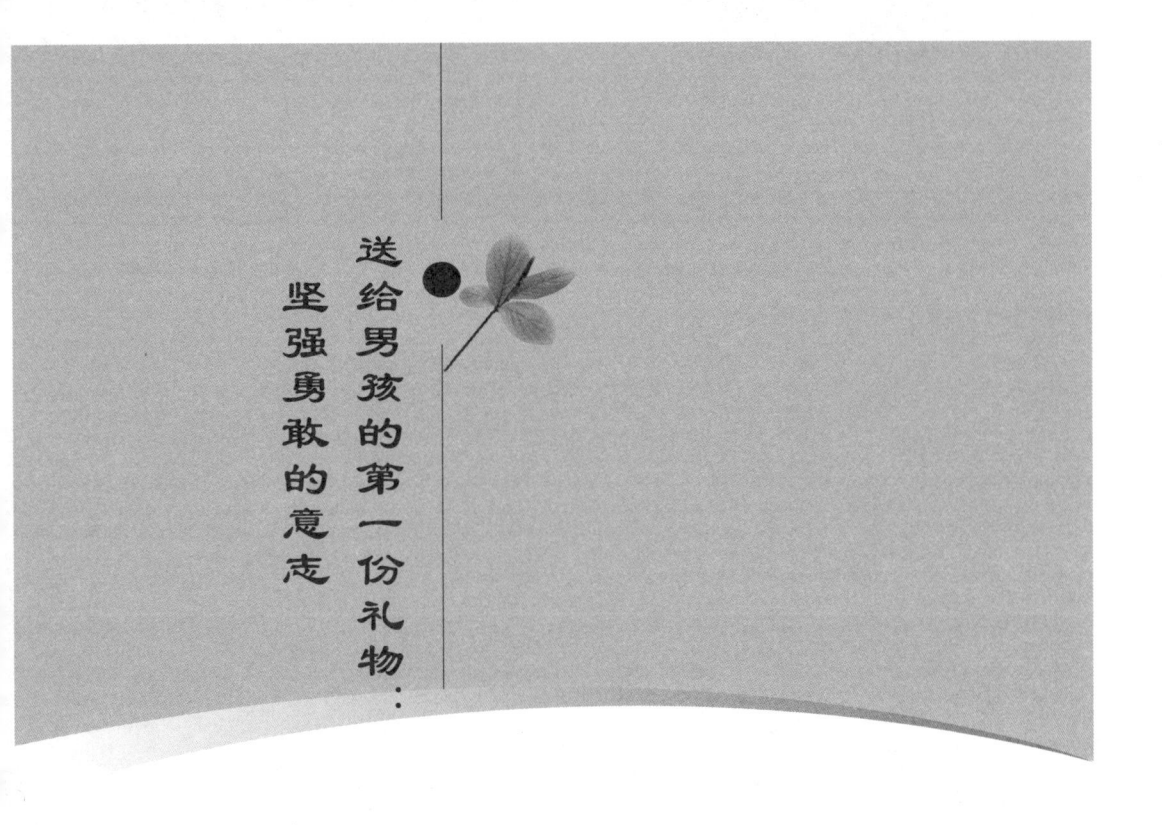

送给男孩的第一份礼物：
坚强勇敢的意志

☺ 合理的要求是训练,不合理的要求是磨炼

☺ 不勇敢打败怯懦,就得一辈子躲着它

☺ 困难是勇者前进的号角

☺ 唯一值得恐惧的就是恐惧本身

☺ 行百里者半九十

☺ 永远没有失败,只是暂时停止成功

合理的要求是训练，不合理的要求是磨炼

西点军校有一句名言："合理的要求是训练，不合理的要求是磨炼。"这句名言贯穿于西点学子学业生涯的始终，西点的学员在校期间会受到许多严苛的考验，他们只能选择接受或是离开，没有逃避这个选项可供选择。

无论是怎样严苛的训练或是磨炼，在西点人眼里都是"勇敢者的游戏"，只有凭借勇气才能克服这些考验。在西点，各项训练是艰苦的，如果你不能忍受而选择逃避或是放弃，那你就必须选择离开，西点需要的是勇者和荣誉，而不是逃兵。

每一届西点军校的新生入学后，都需要进行为期8周的野营训练。营地在西点以西十来公里处，西点国家军事保护区森林中有一个与世隔绝的营地叫作巴克纳营地，由于在这里的训练以其非人非常规而闻名，所以人们通常称这个训练营为"兽营"。

紧张、艰苦的训练只能算是兽营中合理的训练，来自高年级学员的刁难和惩罚则是训练营中不合理的磨炼。训练营是西点军校筛选新生的第一道屏障，许多无法承受这种体力和精神上巨大压力的学生都会在这个阶段被自动淘汰。

即使是艾森豪威尔这样的美国总统和五星上将，都曾经在兽营感到辛苦，他曾经表达过，站在炎热太阳下听着老学员不断发出的口令

确实令人非常辛苦。然而他懂得西点志在培养像格兰特那样真正伟大的军人，因此再辛苦他也会忍受下去。然而与艾森豪威尔曾经同寝室的一位来自堪萨斯的学员却实在无法忍受，在哭泣了几个晚上之后选择了退学。

新生必须顶住这最折磨人的兽营的训练，才能证明自己是合格的。进入西点虽然很难，但是要想成功地从西点毕业，则是难上加难。

麦克阿瑟也曾经在西点磨炼中吃过不少苦头，连续的下蹲、单杠和俯卧撑让他到了夜晚四肢不停地打颤，然而即使浑身无力，他还是坚持了下来。

西点设置这样一个新生训练营就是为了让新生经历不断的考验和磨炼，西点的口号是："把这些娇生惯养的个人主义者击垮打碎，然后拾起碎片重塑为合格的军人！"

兽营对于新学员而言，就如同一个过滤器，检测学员入学的动机和抗压的能力。曾经有统计表明，高达15％的新学员无法通过兽营而相继离去，但西点军校不管外界怎样批评却从未放弃兽营训练或降低训练标准，他们提出：在这些困难面前，格兰特过去了，潘兴过去了，麦克阿瑟过去了，布雷德利过去了……你们也要过去。这就是植根于西点人心中的名言：合理的要求是训练，不合理的要求是磨炼！

这种经受磨炼的勇气或许和男孩们从小的培养密不可分，例如艾森豪威尔小时候就有过这样一段经历：

5岁的时候，艾森豪威尔去叔叔家玩。叔叔的房子后面养了一对大鹅，结果公鹅一见他就一边怪叫着一边向他扑来。他哪儿受得了这种恐吓，于是拼命跑开去向大人哭诉。

受了几次惊吓后，叔叔找了个旧扫帚交给他，然后指着大鹅对他说："你一定能战胜它！"

当鹅再次向他冲来时,他手里拿着扫帚,压抑住浑身不住的颤抖,鼓足勇气大吼一声,挥起扫帚向鹅冲去。鹅掉头便跑,他紧追不舍,最后狠狠地给了鹅一下,鹅惨叫着逃跑了。从那以后,那只鹅只要一见他,就会远远地躲开。从此,他懂得了一个道理:只要勇敢迎战,就有可能战胜对手。

后来有一段时间,他每天放学回家的时候,都被一个与他年龄相仿、粗壮好斗的男孩追赶。一天,这一幕正好被他父亲看见,于是冲他大喊:"你干嘛容忍那小子追得你满街跑?去把那小子给我赶走!"

于是,他不得不停下来,面对自己很怕的对手,摆出反击的姿态,这一招立刻把对手吓住了,对手慌忙夺路而逃。艾森豪威尔顿时勇气大增,一把将对手抓住,正颜厉色地警告他:"如果你再敢找我的麻烦,我不会对你客气!"

艾森豪威尔的父亲和叔叔都没有选择为他去扫除障碍,而是要求他自己去面对挑战。训练没有合理与不合理之分,只看有没有必要,这就是美国总统和五星上将小时候学会的道理。

艾森豪威尔凭借小时候培养的勇气成为有勇有谋的一代名将。而有着"战神"之称的美国名将乔治·巴顿,也是从小就恪守着家族的信条:"勇敢战斗!千万不能辱没家族的荣誉!"

被公认为美国历史上最优秀的将领之一的西点毕业生乔治·巴顿将军,是西点学生最为推崇的将领之一,然而巴顿的成长却绝对不是一帆风顺的。

巴顿从小虽然聪明伶俐,但却是一个患有"阅读失常症"的孩子,他在发音和拼写上有着天生的欠缺,经常发音不准并且容易拼写错误。

巴顿小时候就非常喜欢历史课,上学之前就喜欢听大家讲历史人

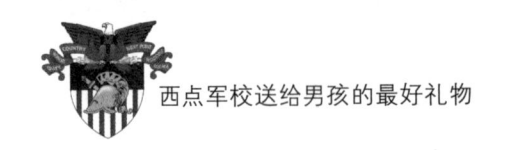

物的故事和军人的伟大功业。于是他的父亲为他精挑细选了许多有意义的史诗作品朗读给他听,用《荷马史诗》教导他懂得人们如何与命运抗争,不屈不挠力争把握自己的未来;用《远征记》让巴顿明白远征军克服重重险阻的英雄气概。

将军们富有传奇色彩的故事让巴顿迷恋不已,也让巴顿这样一个患有阅读失常症的孩子获得了榜样的力量,他希望自己能够像他的弗吉尼亚先祖那样成为军官,成为最伟大的统帅。经过了不懈的努力,巴顿终于成为西点军校的一员。然而他的磨炼并未就此结束,而是刚刚开始。

巴顿在西点军校的初期岁月,文化课始终落后于人,尽管他付出了不懈的努力,但患有阅读失常症的他,依然名落孙山。于是巴顿首先在队列训练的强项上加强努力,获得了当之无愧的第一名。然而在数学等科目上的差距,仍然导致他连续留级。

或许对其他人来讲,连续就读军校一年级已经会让他们放弃自己的目标,但是对巴顿来讲,合理的要求是训练,不合理的要求是磨炼,他并不惧怕磨炼,退却绝不是他的选择。最后,巴顿不但顺利从西点毕业,还成为一代名将,至今他的塑像还矗立在西点军校图书馆的大门口。

对于一名军人来说,勇气意味着一切,没有勇气就没有坚持,没有尽职尽责,没有胜利,没有荣誉,也就没有了一切。

西点智能发展方针有三个目标,第一个就是:"高水平的智能、精神承受力和果断性、带有理性的勇气和正直、责任心和主动性。"

西点尊敬勇者,西点崇尚勇敢精神,西点学员必须明白,只有勇敢精神能让平凡的自己作出惊人的事业。在"勇敢者的游戏"中,想要胜利就不能退缩,只能前进。

西点名将麦克阿瑟在二战时,虽然他的司令部在隧道里,但他却把家安在地面上，宁愿冒着遭空袭的危险，也要选择和士兵在一起，给士兵们勇气和力量。每次空袭警报响起，他夫人就带着小阿瑟奔向一英里远的隧道，而麦克阿瑟则会跑到外面去看个究竟。有时就算已经躲在隧道中，也会从隧道里跑出来，站在露天下观察日军飞机的空中编队，数着飞机的数量。虽然不断有人提醒他要对两国政府、人民及军队负责，不要冒不必要的危险，但麦克阿瑟解释说，他是通过冷静的判断才会行动的，他会在兼顾安全问题的同时履行自己的职责。

麦克阿瑟就是这样的冷静并具有非凡的勇气，即便在面临敌人的炮火时也毫不退缩。麦克阿瑟可以说是西点"勇敢"的一个代表，完美地体现了**"假如你选择了军队，就不要害怕牺牲；假如你选择了天空，就不要渴望风和日丽"**的精神。

歌德曾经说过："你若失去了财产——你只失去了一丁点；你若失去了荣誉——你就丢掉了很多；你若失掉了勇敢，你就把一切都失掉了。"

"勇敢"是一个想获得成功的人必不可少的品质。蒙哥马利将军在他的回忆录中这样说："要取得成就有很多必要条件，其中两条非常重要，那就是苦干和正直。现在得再加上一条：勇气。"

不要让恐惧压倒你，不要让风险困扰你，勇敢前进就是达到成功的道路。每一位男生都有自己的优点和缺点，只有依靠坚强执著的意志，经过不断的训练甚至磨炼才能够真正挖掘出自己身上最为卓越的宝藏，成为实现理想的动力。

坚强的意志往往离不开不断的磨炼和耐心的锻炼，只有在各种日常实践活动中直面困难，打败自己的怯懦，而不是一辈子躲着困难不敢面对。

不勇敢打败怯懦，就得一辈子躲着它

麦克阿瑟在西点军校的演讲中曾经这样说过："你不去勇敢地打败怯懦，就得一辈子躲着它。"西点军校的校长克里斯曼也曾经说过："如果你常常都说'做不到'，那你将常常与失败为伍。"

现实中的恐惧，往往比不上我们想象中的恐惧来得可怕，男孩们，你们只有鼓足勇气去克服困难，克服怯懦，才能够勇敢地战胜它而不是一辈子躲着它。

这就好比游泳。如果我们克服不了对水的恐惧，那么我们只能一辈子做个旱鸭子；如果克服了怯懦，那么就会发现原来水的浮力如此强大。

人生中有许多困难，不要说还只是男子汉预备役的男孩们，即使是成年人，也会不可避免地产生怯懦的心理。我们只有正视它，正面迎击才会发现，那不过是我们自己加诸自己的恐惧，其实并不可怕。

巴顿将军从小就将杰克逊的一句名言视为自己的格言，那就是"不让怯懦左右自己"。他认为作为一名军人，勇敢无畏是基本要素。当他练习马术时，他总是选择最难以逾越的障碍物和最高的跨栏。在平时的狙击训练时，他总是踩着安全线进行练习，他的格言是："**我要看看自己在面对困难时有多害怕，才能够锻炼自己打败怯懦。**"

1909年，巴顿从西点军校毕业后被任命为骑兵连少尉，保卫芝加哥以北27英里的谢里登堡。初出茅庐之际，他就因为在那里驯服了一匹疯马而闻名。当时马匹踢中了他的脸颊，鲜血直流，但是他依然冷静处理并降服了这匹马。面对困难，巴顿思考的是自己要如何克服和战胜困难，而不是逃避。

很多时候我们是否能够跨越障碍不是取决于我们的能力，而是取决于我们的心态。

就比如说，曾经有知名的举重运动员说过："我之前一直无法举起500磅的重量，总是停留在498磅，因为当我知道这是500磅时，就没能战胜自己的怯懦。然而有一天，教练对我说，举起495磅就可以休息了。于是我成功地举起了这个重量，然后教练才告诉我，那其实是506磅的重量。我就这样做到了，自此以后，500磅对我来讲不再是一道坎。"

关于调整心态战胜自己的事例，男孩们或许对这个故事更能够产生共鸣，这是来自风靡全球的小说《哈利·波特》第三集中的一个片段。

《哈利·波特》的第三集中有这样一个片段给人们留下了深刻的印象，那就是小哈利成功地施展了许多优秀的成年巫师都难以施展的守护神咒语来对抗摄魂怪的攻击。

原本哈利在练习中根本无法释放完整的守护神，只能做到让魔杖散发出淡淡的白色雾气，那并不能真正抵抗摄魂怪。然而当他真正面对摄魂怪、面对生死存亡之际，他看见远处一个长得很像自己的人施展了完整的守护神咒释放了他的守护神来帮助自己脱离了危险，当时他以为那个强大的巫师是自己已经去世的父亲。

当哈利通过时光机器回到自己面对危险的那一刻时，他才突然醒悟，那个救了自己的强大巫师不是别人，而是他自己，于是他冲了出去，召唤了自己的守护神驱赶了摄魂怪。后来，当赫敏赞叹哈利居然能够如此完美地施展这样高难度的魔法时，哈利的回答就是："我知道

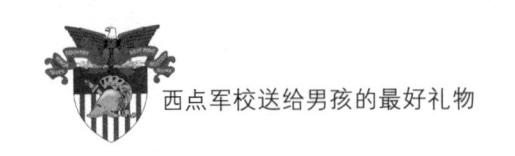

我能做到,因为当时我就知道我已经做到了。"

哈利对于摄魂怪,对于施展守护神咒曾经有着或多或少的怯懦,但是当他必须面对且充满自信的时候,他成功了。如果哈利不能够打败自己的怯懦,恐怕他只能一辈子躲着摄魂怪了。

西点的毕业生中,很多人取得了傲人的成就,但是当你问起他们成功的秘密的时候,没有人会觉得归因于自身的聪敏,而更多是因为军校给予的品格上的锻炼,帮助他们战胜怯懦,才铸就了今日的辉煌。

西点的训练严格,西点的教官冷峻,西点军校不收留意志薄弱者。在困难面前多少眼泪都于事无补,反而会受到军官和同学的轻视。

对于想在西点立足的学员来说,教官或高年级学员的任务一下达,只有一个选择,就是完成。你需要把痛苦、劳累、磨难都装在心里,把眼泪、委屈、愤怒装在心里,更要把害羞、胆怯、懦弱装在心里,然后化做力量,冲击任务,达到标准。只要冲过去,大家就会笑脸相迎,接纳你成为一名正式的学员团成员。冲不过去,不管有多少理由,流多少眼泪,西点都只能与你"拜拜"。

麦克阿瑟童年时期就经常随着同样是美国名将的父亲驻防美国西部的荒漠地区希尔登堡。有时听到战场上锣鼓齐鸣马匹嘶吼的巨响时,5岁的他会忍不住哭泣,然而父亲却会嘲笑他的胆怯。

小小的麦克阿瑟有时忍不住反问:"爸爸也会对着国旗流泪,他也是胆怯吗?"

这一次他的母亲回答了他:"一个男子汉可以为了光荣和自豪感而流泪,却不能为了害怕和恐惧而哭泣。"

这个答案伴随着麦克阿瑟的一生,让他明白"泪水只为荣誉而流"。在他晚年的回忆录中曾经写道:"我最早的记忆就是军号声,父亲教导我拥有坚强的个性。"

松下幸之助曾经说过:在人生旅途中,不时穿插崇山峻岭般的起起伏伏，时而风吹雨打，困顿难行；时而雨过天晴，鸟语花香。总希望能够振作精神，克服困难，继续奔向前程。

人生之路从来就不是铺满鲜花的，要完整地走好自己的人生之路，我们就必须有时染上尘埃，有时越过泥泞，有时横渡沼泽，有时行经丛林，一路披荆斩棘，才能到达人生的终点。正因为我们知道生活不会一帆风顺，所以我们更需要战胜怯懦，微笑着面对一切困境。

每个人都有自己的人生之路，人生之所以精彩，是因为你永远不能确定明天会发生什么。但无论发生什么，无论面临怎样的困境，我们所能做的只有挺起胸膛，顺着自己的路走下去，不能逃避。

当你面对生活感到痛苦的时候，不要哭泣。因为"如果在一个想让你哭的人面前流泪，那就是失败。越是这种时候，越是要微笑，顽强地战胜怯懦"。

微笑是面对困难最好的姿态，因为只有微笑着继续前行才是面对困境的唯一出路。在合适的时机微笑，满天的乌云都会消散。微笑着面对困难吧，因为困难是让弱者逃跑的噩梦，却是让勇者前进的号角！

西点军校的学员正在操练中

■ 困难是勇者前进的号角

西点军校 1833 届毕业生,美国军火大亨杜邦公司的创始人亨利·杜邦曾经说过:"困难是什么? 困难是让弱者逃跑的噩梦,却是让勇者前进的号角!"

美国心理学家曾经选取 150 名西点军校的优秀毕业生进行分析研究,发现他们身上具备三种优秀的品格:一是性格坚韧,二是为目标执著奋斗的精神,三是自信。这些优秀的品格彰显了优秀毕业生克服困难的勇气、自信和决心。

小小的男子汉们,如果你相信自己是一把披荆斩棘无往不利的刀,那就要相信困难和挫折是一块不可或缺的磨刀石。困难对于一个勇者来说是磨刀石,也是垫脚石,是一笔财富而不是万丈深渊。庸人在困难面前屈服和动摇,勇者杀出重围掌握命运。在西点学子的眼中,征服的困难越大,取得的成就越不容易,越能说明你是真正的英雄。

在我们眼中叱咤风云的将军们,同样伴随着困难和挫折成长。麦克阿瑟一生中说过的最具号召力的一句话就是:"我出来了,但是我将回来。"这就是他面对困难时所吹响的号角。

1941 年 12 月,太平洋战争爆发了,当时麦克阿瑟在菲律宾担任美军总司令,率领美军顽强抗击日本军队。然而战线的绵长让他没能抵挡住日军的攻击,当时的罗斯福总统要求他撤离菲律宾。麦克阿瑟一度无法面对这样的挫折,他找出了父亲留给他的一把柯尔特手枪,决定在关键时刻自杀与菲律宾共存亡。到了1942年2月,罗斯福和马歇尔不停歇地给麦克阿瑟发电报要求他撤离,并答应他撤退到澳大利亚之后,让他重新组建军队担任总指挥进行反攻。

1942年3月,麦克阿瑟在军部的一再催促下,无奈撤离了菲律宾,同年4月,在菲律宾巴丹半岛作战的七万余名美军官兵向日军投降,5月在菲律宾格里希绿岛作战的一万余名美军投降,日军占领了菲律宾全境。

菲律宾战役是麦克阿瑟从军之后经历的首次惨败,他在回忆录中曾经这样说道:"我从没想到,美军历史上最庞大的一次缴械投降就发生在我的手中。"

但是麦克阿瑟最终没有选择自杀,更没有选择退缩畏惧,而是面对他人生中最大的困难和挫折吹响了前进的号角,当他撤退到澳大利亚时,对媒体宣布:"我出来了,但是我将回去!"

1944年10月,麦克阿瑟兑现了自己的承诺,他率领28万大军登陆菲律宾,正式宣布:"菲律宾人民,我——美国陆军五星上将道格拉斯·麦克阿瑟回来了!"

麦克阿瑟面对挫折曾经彷徨但最终吹响了自己冲锋的号角。如同西点著名校友,美国前国务卿黑格说过的那样:"重要的不是到底面临怎样的困难,而是你如何对待它们。"勇敢面对困难,大胆采取行动,客观地检讨自己行动背后成功或失败的原因,汲取经验然后继续前进,才是勇者的道路。

西点军校的学生毕业时,分配到什么国家或是哪个师自然是个大问题。但是学生却绝对不崇尚好逸恶劳,通常是哪里强者多困难多选择哪里。

带着万丈雄心走进西点大门的学员,很快就知道什么是克服困难

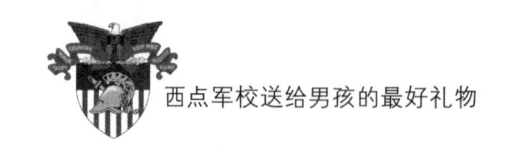

的坚韧了。坚韧就是必须达到训练要求，没有任何通融，否则很快被无情淘汰。因为军事活动是真刀真枪的活动，以命相搏的时候，谁降低标准谁就失败，甚至死亡。同时，军事活动是充满困难的领域，不确定因素很多，比如地形复杂、气候恶劣、对手强大、部队不精、装备较差等，它们时刻围绕着指挥官，没有坚强的意志力就顶不住，就可能垮下来。

大音乐家贝多芬曾经说过："卓越的人一大优点是：在不利与艰难的遭遇面前百折不挠。"而他也的确在两耳失聪、生活最悲痛的时候，依然没有放弃希望，依然谱写着伟大的乐章，就是在这样的情况下，贝多芬写出了他最伟大的乐曲。

席勒为病魔困扰15年，而他的最有价值的作品，也就是在这个时期写成的。

弥尔顿在双目失明、贫病交迫的时候，写下了他的名著。

路德幽禁在瓦特堡的时候，把《圣经》译成了德文。

大诗人但丁被判死刑，而过着流亡的生活达20年，他的作品就是在这段时期中完成的。

一个百折不挠的人，愈为环境所迫，反而愈加奋勇，不战栗不惧怕，胸膛直挺，意志坚定，敢于对付任何困难，轻视任何厄运，嘲笑任何阻碍；因为忧患、困苦不足以损他毫发，反而增强了他的意志、力量与品格，使他成为了不起的人物——这真是世间最敬佩、最可羡慕的一种人物。

只有经历了逆境的淬炼，一个人才能真正走向成功。只有那些没有被不利与艰难遭遇打垮的人，那些面对困难依然百折不挠的人才是真正的强者。

约瑟夫·林肯这样评价："困难对于人们会产生不同的作用：正像炎热的天气，可以使牛奶变酸，却能使苹果变甜。"

困难如同一块试金石，真正的金子将在征服困难的过程中显现自

送给男孩的第一份礼物：坚强勇敢的意志

己耀眼的光芒。困难可以使人沉沦，也可以催人奋进；可以使人浑噩，也可以让人聪慧；可以使人贫困，也可以助人富有；可以使人卑下，也可以使人伟大——全在于你如何对待和扬弃。困难是让勇者前进的号角，因为他们懂得：唯一值得恐惧的就是恐惧本身！

被称为"西点之父"的西尔韦纳斯·塞耶上校

唯一值得恐惧的就是恐惧本身

罗斯福是美国历史上著名的半身瘫痪的总统,而且在他任职期间,美国弥漫着对经济危机的恐惧,银行体系面临崩溃。面对这样的情况,罗斯福兑现了他在首次就职演说时提出的"无所畏惧"的口号,采取了果断而紧急的行动,包括各种重建法案等。以至于他的民意支持率一度超过了上帝。正如罗斯福的名言那样:"我们唯一值得恐惧的就是恐惧本身——模糊的、莫名的、轻率的、毫无根据的恐惧。那会让自己变得莫名的胆怯,会让我们为了前进所付出的努力都付诸东流。"

在西点的各项体能训练中,最让学生感到恐惧的就是拳击,因为学生很可能赤裸裸地面对即将光临自己脸部的拳头,在此之前,他们的脸上应该从未挨过拳头。西点军校就是为了训练学生在眼睁睁面对拳头的那一刻学会管理自己的恐惧感。事实上,并没有什么学生真的因为拳击训练而受重伤,然而人们难免为自己预设危险性和恐惧感,而预设的恐惧感往往会扭曲事实的真相,将困难放大。

小小的男子汉,你们面对迎面而来的恐惧感,是选择畏惧不前还是勇往直前?当然是选择勇往直前,不是吗?恐惧常常使人畏惧不前,以为梦想永远无法实现;恐惧使人困于现状,浅尝辄止,不敢冒险,安于平庸的生活。

西点校友,美国著名的学者本杰明曾经说过:"失败的原因往往不是能力低下或力量薄弱,而是自信心不足,克服不了恐惧的心理,还没有上场就已经败下阵来。"

在现实生活中,克服恐惧心理也是成就一番大事业的必备条件。敢于想,敢于做,才会有机会成功。人们总是不惜代价逃离这些恐惧源,而多少次只是因为我们太过于恐惧,造成我们与机会擦肩而过。

一次,有人问一个农夫是不是种了麦子。农夫回答:"没有,我担心天不下雨。"那个人又问:"那你种棉花了吗?"农夫说:"没有,我担心虫子吃了棉花。"

于是那个人又问:"那你种了什么?"农夫说:"什么也没种。我要确保安全。"

对于成天担心害怕的人来说,这个世界上总是存在着危险的。就像这个农夫,种麦子担心不下雨,种棉花又害怕虫害,到头来觉得什么事情都充满了风险,最后什么也没有种,自然也就没有收获,这才是最大的损失。

著名的格兰特将军坚定坚强,无所畏惧的品质是众所周知的,同时这些品质也给所有和他接触过的人留下深刻的印象。艺术家弗兰克·卡本特在白宫创作《〈独立宣言〉的签署》时,曾经经历了一段非常焦躁不安的时期,他问一名文职官员:"与其他将军相比,格兰特留给你印象最深的是什么?"

那位官员回答说:"他最突出的特征就是对目标勇往直前的冷静坚持。他从不畏惧,一旦他盯住了某样东西,那么没有任何事物能动摇他的意志力。"

在更多面对困难和挑战的时候,我们不是输给了困难,而是输给了自身对困难的畏惧。不要被困难吓倒,用平常心来对待,往往能把问题解决得更好。

1796年的某一天,德国哥廷根大学,一个很有数学天赋的19岁青年吃完晚饭,开始做导师单独布置给他的每天例行的三道数学题。前两道题在两个小时内就顺利完成了。第三道题写在另一张小纸条上:要求只用圆规和一把没有刻度的直尺,画出一个正17边形。

他感到非常吃力。时间一分一秒地过去了,第三道题竟然毫无进展。这位青年绞尽脑汁,但他发现,自己学过的所有数学知识似乎对解开这道题都没有任何帮助。

困难反而激起了他的斗志:我一定要把它做出来!他拿起圆规和直尺,一边思索一边在纸上画着,尝试着用一些超常规的思路去寻求答案。

当窗口露出曙光时,青年长舒了一口气,他终于完成了这道难题。见到导师时,青年有些内疚和自责。他对导师说:"您给我布置的第三道题,我竟然做了整整一个通宵,我辜负了您对我的栽培……"

导师接过学生的作业一看,当即惊呆了。他用颤抖的声音对青年说:"这是你自己做出来的吗?"

青年有些疑惑地看着导师,回答道:"是我做的。但是,我花了整整一个通宵。"

导师请他坐下,取出圆规和直尺,在书桌上铺开纸,让他当着自己的面再作出一个正17边形。

青年很快作出了一个正17边形。导师激动地对他说:"你知不知道?你解开了一桩有两千多年历史的数学悬案!阿基米德没有解决,牛顿也没有解决,你竟然一个晚上就解出来了。你是一个真正的天才!"

原来,导师也一直想解开这道难题。那天,他是因为失误,才将写有这道题目的纸条交给了学生。

每当这位青年回忆起这一幕时,总是说:"如果有人告诉我,这是一道有两千多年历史的数学难题,我可能永远也没有信心将它解出来。"

这位青年就是数学王子高斯。

当高斯不知道这是一道两千多年的数学悬案的时候,仅仅把它当作一般的数学难题而已,只用了一个晚上就解出了它。高斯的确是天才,但如果当时老师告诉它那是一道连阿基米德和牛顿都没有解开的难题,结果可能是另一番情景了。

困难的出现经常出人意料,但只要勇敢坦然面对,不被困难吓倒,就能克服看似克服不了的困难。那些一开始就被困难带来的困境和声势吓倒的人,注定是要失败的。所以,面对困难时,应该更多地去排除干扰,认定自己的最终目标,不去想问题有多严重,困难是多么巨大,只是积极地去寻求解决的方法。

西点人爱冒险,而冒险的首要前提就是必须克服内心的恐惧。西点人深知恐惧是获得胜利的最大障碍,一个面对困难或风险畏缩不前、怕这怕那的人是不敢渴望胜利和荣誉的。西点需要的是通过胜利和荣誉证明自己的勇士,而非畏首畏尾的懦夫。

1914年4月,美国总统伍德罗·威尔逊以墨西哥当局扣留美国水兵为借口,出兵攻占墨西哥东海岸最大城市韦拉克鲁斯。

在这次行动中,麦克阿瑟父亲的老部下芬斯顿将军指挥一个旅的兵力执行占领任务,麦克阿瑟本人则受命作为参谋部成员随芬斯顿将军于5月1日到韦拉克鲁斯搜集情报。

麦克阿瑟发现,那里缺少机械化交通工具,要是陆军开过来,将完全依赖畜力运输。当他听说有几台铁路机车被藏在敌方防线后面时,便准备深入敌后进行侦察。但芬斯顿认为这样做太冒险而不予支持。

麦克阿瑟经过冷静的分析,决定克服恐惧心理独自行动,来个孤胆探险。他找来两个向导,偷偷越过防线去查看虚实。结果发现那里

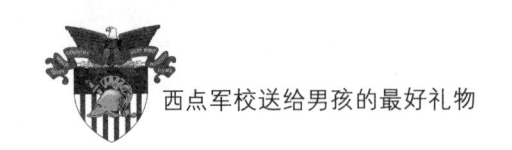

确有5台机车,其中3台完好无损,陆军可以使用。虽然在归途中,他遭遇到了一些危险,但最终成功地返回了营地。

巴顿将军说过:"每个人都害怕,越是聪明的人,越是害怕。勇敢的人是这样一些人,他们不惧怕恐惧,强迫自己坚持去做。"

麦克阿瑟将军就是这样一个勇士,他凭借自己的勇气和判断,深入敌后,为己方获得了重要的情报。当部队缺乏情报的时候,麦克阿瑟甘愿只身冒险;当遇到追兵的时候,麦克阿瑟冷静面对。每个人遇到这样的情况都会害怕,都想过选择退缩以策安全,但是勇士与懦夫的区别就在于:懦夫选择逃避,而勇士战胜内心的恐惧,强迫自己面对恐惧。

艾森豪威尔说:"软弱就会一事无成,我们必须拥有强大的实力。"无论是西点的学员,或是一个普通人,都应该学会克服恐惧,克服了内心的恐惧就等于战胜了自己最大的敌人,接下来的任务则是坚持坚持再坚持,所谓行百里者半九十,胜利最终属于最耐久的人。

行百里者半九十

古语有云：行百里者半九十。指行百里路，走到九十里也不过相当于走了一半而已，形容事情越接近完成越艰难，有些人一开始设定了宏图大志，但随着时间的推移，没有决心和毅力，最后草草了事。

为了更清楚地了解这一俗语，或许我们可以先了解一个奇妙的"30天荷花定律"。

荷花第1天开放的时候只有很小的一部分，第2天，荷花就会以比起前一天快一倍的速度开放，到了第30天，荷花就会开满整个池塘。

那么是不是荷花在第15天时开了一半呢？答案并非如此。事实上，到第29天时，荷花也只不过是开了一半，但是却会在最后一天盛开后面的一半。如果差了最后一天，则前29天的努力都前功尽弃。这就是"30天荷花定律"。

正如同人们追寻成功的道路一样，所谓厚积而薄发，首先要有厚积方可薄发。要在成功的道路上坚定坚持，我们需要的是信念和恒心。

有位名人曾经说过："一个有坚定信念的人，胜过一百个只有兴趣的人。"人的信念就是拥有这样神奇的力量，是一种由愿望产生的，因为愿意相信才会相信，希望相信才会相信的力量。而只有拥有了坚定

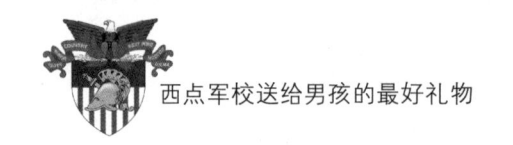

的信念，才能运用这神奇的力量。这种力量不断地创造我们的生活，使我们按照它行事。

正是信念，给了弱者以勇气，给了气馁者以希望，给了那些强者以更强大的力量。

如果你对自己有足够的信心，如果你有坚定的信念，并且从不放弃这个信念，你就会发现自己原来拥有这样的潜力，原来自己可以做好许多事情。

有一个法国人，年届42岁时，仍一事无成。他也认为自己简直倒霉透了：离婚、破产、失业……他不知道自己生存的价值和人生的意义。他对自己非常不满，变得古怪、易怒，同时又十分脆弱。有一天，一个吉卜赛人在巴黎街头算命，他无聊地走过去，决定试一下。吉卜赛人看过他的手相之后，说："您是一个伟人，您很了不起！"

"什么？"他大吃一惊，"我是个伟人，你不是在开玩笑吧？"

吉卜赛人平静地说："您知道您是谁吗？"

"我是谁？"他暗想："我是个倒霉鬼，是个穷光蛋，我是个被生活抛弃的人。"但他仍然故作镇静地问："我是谁呢？"

"您是伟人，"吉卜赛人说，"您知道吗，您是拿破仑转世！您身体流的血、您的勇气和智慧，都是拿破仑的啊！先生，难道您真的没有发觉，您的面貌也很像拿破仑吗？"

"不会吧……"他迟疑地说，"我离婚了，我破产了，我失业了，我几乎无家可归……"

"那是您的过去，"吉卜赛人说，"您的未来可不得了！如果您不相信，就不用付钱给我了。不过，五年后，您将是法国最成功的人！因为，您就是拿破仑的化身！"

他表面装作极不相信地离开了，但心里却有了一种从未有过的美妙感觉，他对拿破仑产生了浓厚的兴趣。回家后，他想方设法寻找与拿破仑有关的著述来学习。渐渐地,他发现,周围的环境开始改变了,朋友、家人、同事、老板,都换了另一种眼光看待他;事业开始顺利起来。后来,他才领悟到,其实,一切都没有变,是自己变了:他的气质、思维模式,都在不自觉地模仿拿破仑,就连走路、说话都像极了他。13年以后,也就是在他55岁的时候,他成了亿万富翁,成了法国赫赫有名的成功人士。

许多人因为常常不能正确衡量自己的能力,没有充分发挥自己的潜能,于是就习惯了退让,习惯了失败,习惯了放弃。要知道,一个人的思维模式往往决定了一个人的行为,如果你在思想上认定自己是个失败者,是个不幸的人,那么你就不会拥有信念,不会因为目标和信念而全力以赴,那么你离成功也就越来越远。

小小的男子汉,在你们的生活中,是否也常常遇到许多这样的人:他们有着坚定的信念,有着对自己的信心和对成功的渴望。这样的人不会是真正的失败者。反之,你们或许也看见过许多原本有实力成功,却总是因为对自己没有信心,没有一个必胜的信念而把本应属于他们的成功让给了别人。两种人,你们希望成为哪一种?

著名励志大师奥利森·马登曾经说过这样一句话:把帽子扔过栅栏。这是他父亲告诉他的,然后他再把这句话告诉了全世界的读者。

面对一些比较困难或者不愿做的事时,人们总是采取逃避的态度把它往后搁。当奥利森碰到这样的朋友时,总是对他们说:"把帽子扔过栅栏。"

"什么意思?"他们不明白。

这是奥利森小时候父亲常常教导他的。"当你面对一道难于翻越的栅栏并准备退缩时,先把帽子扔到栅栏那边够不到的地方。这样你

就不得不强迫自己想尽一切办法越过这道栅栏。"

奥利森的父亲就是用这样的方法来到城市的。他出生在离城市有60英里的一个小镇，20岁时，便离开了家庭和亲友来到城市寻找新的生活。除了载他前来的一艘小船外，他一无所有。工作很难找，奥利森的父亲跑了几天，一无所获。他有点失望了，几乎想放弃在城市里生活的梦想，想驾驶着小船回家。可是他"把帽子扔过了栅栏"——卖掉了仅有的小船，因为要在城市里生活下去，没有钱是不行的。没有了船，也就没有了退路，奥利森的父亲只有向前。

不久，奥利森的父亲在一家大公司里找到了一份工作，并在一个偶然的机会下认识了奥利森的母亲；后来终于发了迹，成了富裕的中产阶级的一分子。于是奥利森的父亲就以他自身的经历教导他："只有不顾一切地投入才能成功。"奥利森也是遵循着这样的信念，成为美国成功学的奠基人和最伟大的励志学家。

的确，就如同这个小故事说的一样，只有那些为了信念而全心全意投入的人，才会在最后获得成功。

很多人在一开始遭受到挫折的时候就放弃了，一旦放弃，也就永远远离了成功。但是只要你拥有坚定的信念，你就不会因为挫折和困难而放弃既定的目标，不会觉得成功的希望渺茫，因为你的信念就是你的希望。别人都已放弃，自己还在坚持；别人都已退却，自己依然向前；只要拥有信念，哪怕前途依然坎坷，依然看不见光明，哪怕自己总是孤独、坚韧地奋斗着，你总是会通往成功的。

15世纪，人们知道地球是圆的，但还不知道它有多大、大海有多宽。25岁的哥伦布站在葡萄牙的海岸上想：只要这茫茫大海比马可·波罗跋涉过的陆地窄一些，我就有能力达到那里，有必要搞一艘船到那盛产黄金和香料的东方大陆去发迹。通过阅读托勒密的《地理学》，他得知，欧亚大陆占据了北半球的一半，从葡萄牙出发，横跨大西洋，必定能到达印度；皮埃尔·阿伊利的《世界形象图》告诉他，隔在印度和欧洲之间的大洋不算宽，顺风航行，要不了几天就能穿越，他激动地在书上作了 2 000 多个旁注；马可·波罗，他的意大利老乡，说中国、印度和日本遍地都是香料，黄金用来盖房子、做窗框，他在《马可·波罗游记》上写了 200 多个眉批；《圣经》也成了他的参考书，其中有一句话："你应将水集合于大地的第七部分，使其余的六部分干涸。"哥伦布据此推测：欧、亚、非三个大陆块占了地球表面的七分之六，海洋只占七分之一，因此，马可·波罗走过的是一条费力不讨好的路，人们望而生畏的海路其实近得出奇；他还听海员们说，偶尔有浮尸随着海风和洋流漂来，看起来既不像欧洲人，又不像非洲人。这一切激励着哥伦布的狂想。很少有人像他这样，对种种猜测和传闻那么信以为真。他刚刚脱离海盗生涯，穷困潦倒，却成天想着漂洋过海，想着无穷的黄金和显赫的地位。

他是当真的。他在葡萄牙踏踏实实地提高航海技术，熟悉各种新型航海仪器，学习现有的海图、探险故事和游记。26 岁那年，他参与了前往冰岛的远航，这次探险成功后，他比过去更加藐视大西洋了。现在他需要征服的是拥有财富和权势的人，他自己当一辈子海员或海盗也无力组织起一支海上远征军。

他向葡萄牙王室兜售幻想中的黄金国，要价很高：要求封他为佩戴金马刺的骑士，在他和他的继承人的姓名前冠以表明贵族身份的"堂"字，授予他海洋大将军头衔，任命他为殖民地的终身总督，从殖民地搜刮来的财富中分给他十分之一……葡萄牙王室对此计划考虑了四年，然后把它否决了。在这四年中，他的妻子去世了，他的儿子长大了。他带着儿子、航海图、某人的推荐信以及日益疯狂的雄心壮志，又前往西班牙王国。

在巴洛斯港登陆时，这父子俩衣衫褴褛、污渍斑斑，一副叫花子的

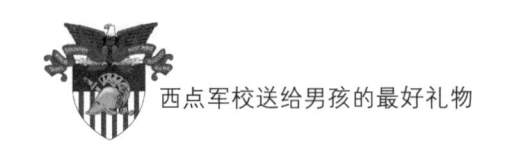

模样，事实上他们的处境已经和叫花子一样了，他们连住店的钱都没有，只好在修道院借宿。见到国王时，哥伦布把符合自己想象的世界地图拿出来，试图引起国王的兴趣。国王让他回去等，他就在焦灼中苦熬着，靠宫廷的施舍和卖书报的微薄收入度日。当王后托人捎给他一笔钱，让他打扮得体面些去见国王时，又是六年过去了。

西班牙国王愿意为他组建一支船队。但是，哥伦布提出的条件让王室成员啼笑皆非，一个穷途末路的乞丐竟然想一下子成为贵族、总督，将来还要和国王一起瓜分殖民地的财富。他一无所获地离开了西班牙王宫。他准备去游说另一个国家，经历又一场"可怕的、连续的、痛苦而长期的战斗"、再荒废不知多少年的生命，直到狂想变为现实。在离开西班牙的路上，王后的使者追上了他，把他召回了王宫。然后，王室与他签订了开拓殖民地的协议，接受了他所有的条件。原来，在西班牙的内战和扩张中，许多功勋卓著的骑士和军人需要用土地来赏赐，王室没有足够的土地，哥伦布的疯狂计划，正好有助于解决这个问题。

著名的音乐家亨德尔年幼的时候，家里人不准他学习音乐，连一个音符也不能学，乐器连碰都不能碰。但是这阻止不了这个热爱音乐的孩子，他总是在半夜时，趁家里人都熟睡后悄悄跑到阁楼去弹钢琴。

莫扎特小时候家里穷，每天都要做大量的苦工来维持生计，但是到了晚上，却总是偷偷溜去教堂聆听风琴演奏的乐曲，他把全身心都融入音乐。哪怕在最困难的时候，都没有放弃对音乐的执著追求，最终，莫扎特成为世界著名的音乐家。

当巴赫还是小孩子的时候，家里很穷，连点一支蜡烛也舍不得。他只能在月光下抄写学习的东西。当那些手抄的资料被没收以后，他也没有灰心丧气，反而更努力地学习音乐。

就是这种对音乐的追求,这种对音乐的热爱,这种信念,成就了这些伟大的音乐家。当然,不只是音乐家是这样,可以说所有的成功者都必定有着坚定的信念。所以,如果你想要拥有成功的话,请对自己的目标建立坚定的信念吧。只要你能始终保持必胜的信念,就一定能成为最终的胜利者。

"万事从来贵有恒。"做任何事情都不能缺少恒心,任何成功都必须依靠我们的全力以赴、坚持到底;反之,立志无恒,终身事无成,永远无法得到自己想要的一切。

摩尔根写《古代社会》花了40年;

歌德写《浮士德》花了60年;

哥白尼写《天体运行论》花了36年;

徐霞客写《徐霞客游记》花了34年;

列夫·托尔斯泰写《战争与和平》花了37年;

……

是什么支撑着他们几十年如一日地为了目标孜孜不倦,永不言弃？如果是一个短期目标,有可能是兴趣,是爱好,是一时冲动;而如果是长期甚至一生的追求,自然少不了持之以恒的强大精神动力。

恒心是一种执著。执著向前、不懈努力、永恒不变,如果是细流,就可穿越万里山川,一往无前,汇入大海,争得属于自己的一片海洋;如果是笋竹,则会冲开磐石,穿透重压的泥土,获得一片美丽的天地。

恒心是一种刚毅。拥有恒心,可上九天揽月,可下五洋捉鳖;拥有恒心,锲而不舍,金石可镂;保持恒心,矢志不移,沙漠中也可掘出清泉。

坚毅的恒心是一个成功人士成长的重要条件,如果没有坚持到底的信念,也就没有了前进的动力,只有认准了目标,不达目的决不罢休的人们,才能超越一切阻碍,最终达成自己的目的。所以,伟人到达高峰不是靠突飞,而是由于他们在同伴酣睡的时候继续不辞辛苦地攀登

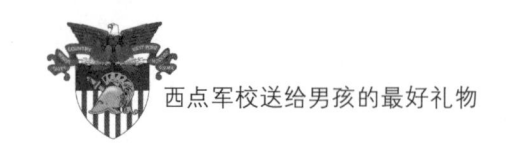

所致。科学上也没有平坦的大道,探求真理的旅途中有无数的礁石、险滩,只有不畏艰险,持之以恒地勇于攀登的人,才能最终登上高峰。

人生如路,漫长而远。当你准备离开暖巢而向往外面的精彩世界时,你要知道,在生命的前方,存在着数不尽的高山、深谷、荆棘、泥沼。这些阻碍你前进的"劫数"有着强大的力量,时时刻刻企图征服你,恐吓你,让你打道回府。但你若拥有了恒心,一切劫难就像见了光的鬼魂一样威力骤减,不再那么可怕了。

爱迪生说:"如果你希望成功,当以恒心为良友。"生命是一场马拉松竞赛,最大的敌人不是你的对手,而是你自己。唯有全力以赴地坚持,告诉自己:永远没有失败,只是暂时停止成功,如此才能写就你生命的精彩篇章。

哈德逊河畔的西点军校

永远没有失败，只是暂时停止成功

西点军校有这样一句名言深深感染着我们：永远没有失败，只是暂时停止成功。西点的著名学员、巴拿马运河的总工程师戈瑟尔斯也曾经这样说过："能够多坚持一分钟，是强者和平庸之辈的分水岭。"

失败与成功总是紧紧相连，成功常会成为下一个失败的原因，反之，任何失败也都可能因智慧和努力而成为下一次成功的原因。人们最常处在成功与失败的分界点而不自知，在即将获得成功时却放弃前行，在成功之门前停止了坚定的步伐，终与成功失之交臂，殊不知可能只要多迈出一步，便是另一片天空。

失败者与成功者的最大区别就在于成功者永远比失败者多走一步，在跌倒后多爬起来一次。所以成功者见到了胜利的曙光，而失败者却永远停留在黑暗中。

毕业于牛津大学的英国前首相丘吉尔一生最精彩的一次演讲，也是他最后的一次演讲。

在剑桥大学的一次毕业典礼上，整个会堂有上万个学生，他们正在等候丘吉尔的出现。正在这时，丘吉尔在他的随从陪同下走进了会场并慢慢地走向讲台。他脱下他的大衣交给随从，然后又摘下了帽子，默默地注视所有的听众。

过了一分钟后。丘吉尔说了一句话："Never give up!（永不放

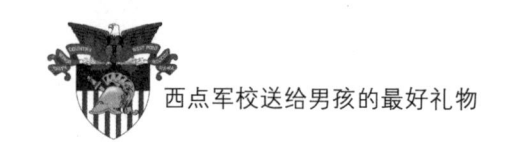

弃!)"丘吉尔说完后穿上了大衣,戴上了帽子离开了会场。这时整个会场鸦雀无声,一分钟后,掌声雷动。

"永不放弃"或许是面对困难最好的方式。丘吉尔曾经这样说过:"某些人早年生活中的艰难逆境、厄运灾难所引起的痛苦、蔑视和嘲笑的刺激,形成了坚忍不拔的意志和天生的智慧。而没有这些品质,就很难完成伟大的事业。"

成就大事业者都有一份"永不放弃"的决心,坚持到底是他们共同的品质。例如,富兰克林如果没有坚韧的品质,是根本不可能当上美国总统的。当他在律师界初露锋芒的时候,他因为一些问题几乎陷于彻底的失败。尽管当时他十分苦恼,但他没有像其他人一样,气馁或是放弃。他说,他将尝试999次,如果还是失败的话,他将进行第1000次的努力。

面对失败,永不放弃是最美妙的语言;面对成功,永不放弃是最完美的注解。

有了这样一种永不放弃的坚韧精神,就没有什么做不成的事。因为世界上没有任何困难能够阻挡住这样的精神和毅力。

在一个非常寒冷的冬天,一座城市被包围了,情况非常危急,如果第二天下午不能够联系到援兵,这座城市将会完全沦陷。于是守将派遣了一名士兵去河对岸的邻城求救。

当这名士兵赶到渡口时,却没有看到船的影子,兵荒马乱,船夫早已逃难而去。士兵心急如焚,是赶回城市向守将汇报,还是继续等待?

太阳下山,夜幕降临了,到了半夜气温更是急转直降,天空似乎飘起了鹅毛大雪。无边的黑暗和刺骨的寒冷包围着这名士兵,恐惧和绝望让他度过了难熬的一夜,但是他始终没有放弃,他对自己说:不到最后一刻,不能轻言放弃。

送给男孩的第一份礼物：坚强勇敢的意志

终于朝阳升起，太阳再次照耀了这片大地。这名士兵惊喜地发现，那条不可阻挡的大河之上结起了一层冰，冰冻得很结实，足以让他和马匹安全通过。他欣喜若狂地走过河面，通知了援军。这座城市就这样得救了。

在西点，学员学会了几乎所有成功人士的共同特点——坚韧。没有任何东西能够代替坚韧的品质在成功之路上的地位。在西点人眼中，一个才智平平但是拥有坚韧品质的人远比一个聪明但是缺乏坚韧的人容易成功。

坚韧的品质是获得最终胜利的基石，没有坚韧，就没有最后的胜利。哪怕你有天赋、有金钱、有地位、有学识，只要你没有向着成功的目标前进的坚韧的品质，你一定不会获得什么成就，因为这天赋上的和最终结果的差别，往往就是坚忍不拔的品质起着关键的作用。

许多人有获得成功的资本却最终没有能够获得成功，这是为什么？不是因为能力达不到，也不是因为没有对成功的渴望，根本的原因就是不具备坚韧的品质。

一个拥有坚韧精神的人一定不会怀疑自己是否可能成功，也从来不惧怕失败，因为他们只有必胜的信心和坚韧的精神，只知道不断向前冲，不断向目标靠近。失败一次没什么，爬起来继续前进就行；失败了许多次也决不气馁，因为再试一次就可能成功。

无论别人觉得你如何愚笨，无论你失败了多少次，只要你选择坚强，选择坚韧，选择不放弃，那么即便再失败一千次，还可以第一千零一次爬起来，再一次扑向成功的怀抱。

1832年的美国，有一个人和大家一块儿失业了。他很伤心，但他下决心改行从政。他参加州议员竞选，结果竞选失败了。他着手开办自己的企业，可是，不到一年，这家企业倒闭了。此后几年里，他不得

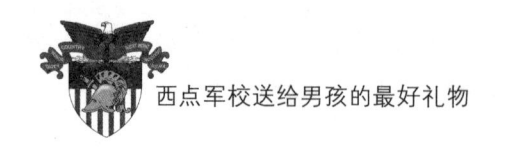

不为偿还债务而到处奔波。

他再次参加竞选州议员,这一次他当选了,他内心升起一丝希望,认定生活有了转机。1851年,他与一位美丽的姑娘订婚。没料到,离结婚日期还有几个月的时候,未婚妻不幸去世,他心灰意冷,数月卧床不起。

第二年,他决定竞选美国国会议员,结果仍然名落孙山。但他没有放弃,而是问自己:"失败了,接下去该怎么做才能获得成功?"

1856年,他再度竞选国会议员,他认为自己争取作为国会议员的表现是出色的,相信选民会选举他,但还是落选了。

为了挣回竞选中花销的一大笔钱,他向州政府申请担任本州的土地官员。州政府退回了他的申请报告,上面的批文是:"本州的土地官员要求具有卓越的才能,超常的智慧。"

接二连三的失败并未使他气馁。过了两年,他再次竞选美国参议员,仍然遭到失败。

在他一生经历的十一次重大事件中,只成功了两次,其他都是以失败告终,可他始终没有停止追求。1860年,他终于当选为美国总统。他就是至今仍让美国人深深怀念的亚伯拉罕·林肯。

在许多时候,我们遭遇失败就是因为我们缺少那一点点坚持,一点点执著,一点点不屈不挠的毅力。分明成功的曙光就在眼前,但是我们却没有信心和毅力再坚持下去,结果从前遭受的艰难困苦也都白费。

所以,永不言败,对于那些准备从芸芸众生中脱颖而出的人来说是十分重要的品质。放眼世界,那些令我们遗憾和不快的失败多半就是因为没有坚持,当事人缺乏一种永不言败的精神,遇到了困难、遭受了挫折就放弃。

虽然林肯一生经历的十一次重大事件中只成功了两次,但凭借着他不懈的努力和追求,在多次失败的情况下依然不气馁,从头再来,最终当选了美国总统,至今仍被世人所怀念和称颂。或许他没有傲人的才华,没有惊人的智慧,但就是那种不放弃,不服输的品性让他走得比别人更远,能获得非凡的成功。

如果经历了多次的失败,你会就此放弃自己的理想,从此停滞不前乃至后退吗?如果你依然坚持了,总结了失败的经验教训继续前行,相信最后也会是成功的,就如同林肯一样。

有伟大理想的人,即使是再多的失败和拒绝,再坚固的铜墙铁壁也阻挡不了他前进的脚步。对理想的执著追求来之不易,所以很少有人成功,而多数人以失败而告终。

地球上最小的溪流,因为终年不断地流淌也能穿凿出一条山谷;一个普通的砂轮也能把坚硬的铁斧打磨得光亮如新;普通的水滴十几年如一日地在同一位置滴落,也能把一块坚硬的石头凿出一个洞来。而最猛烈的风暴尽管能摧毁许多村庄,把大树连根拔起,但是过后就什么痕迹都没有了。

所以一切贵在坚持,只要坚持,哪怕是弱小的力量也能创造出意想不到的效果。永不言败就是一种勇气,一种不达目的誓不罢休的勇气。

坚韧的品质帮助那些想要成功的人在无论面对什么样的困境时都不轻言放弃,不管环境怎样、情绪怎样、别人的看法怎样,都决不气馁,心里只有想着要努力努力再努力,并最终因为这坚韧的品质而成为杰出的人物。

西奥多·凯勒博士说过:"许多人缺乏一种持之以恒的、不达目的不罢休的态度,这一点非常令人遗憾。他们不乏冲动的热情,却缺乏维持这股热情应有的毅力,因此显得脆弱。只有当一切都一帆风顺的时候,才能开展有效的工作。但一旦遇到挫折就又垂头丧气、丧失信心。他们缺乏足够的独立性和创造力,总是重复着别人做过的事。"

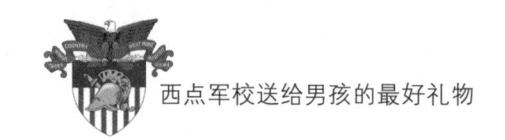

你不是林肯，你不是丘吉尔，你也可以不是西点的学员，但是只要你也有这种锲而不舍的坚韧精神，那么，成功很有可能已经在你的窗前了。

曾任西点军校校长的克里斯曼中将说过："信心和毅力，比西点军校的毕业证书更重要。"西点军校就是本着这样的精神告诫所有向前迈进的人：**西点不相信眼泪！成功也不需要眼泪和抱怨，而需要付出和汗水！**

坚强勇敢的意志就是西点军校送给你的第一份珍贵的礼物。

美国第34届总统、西点军校名将：艾森豪威尔

送给男孩的第二份礼物：
责任荣誉的准则

☺ 没有任何借口

☺ 西点荣誉准则

☺ 魔鬼总在细节中下手

☺ 男子汉的肩膀才承担得起责任

☺ 诚信胜于一切雄辩

没有任何借口

在西点军校,有一个广为流传的悠久传统,那就是当学员面对军官问话时,只能有四种回答:

➢ 报告长官,是。
➢ 报告长官,不是。
➢ 报告长官,不知道。
➢ 报告长官,没有任何借口。

在西点,你可以根据长官的问题,回答是或不是,对于你所不知道的事情也可以坦白回答不知道,假如长官质疑你的行为,则严禁为自己的行为找借口,而是必须直截了当回答 No Excuse(没有任何借口)。

例如长官问西点学员:"为什么队列操练得不整齐?"如果学员长篇大论地辩解诸如"凑不齐人、有人生病了、天气炎热"等原因,都会遭到长官的一顿训斥,因为有困难有问题应由他们自己找对策去解决,而不是在这里找什么借口。

小小的男子汉,或许你们也可以借鉴这样一种思想。如果扪心自问"为什么学习成绩不够好?"即使你们心里为自己找到再多的借口,能够改变结果吗? 不能。与其如此不如赶紧放弃借口全力以赴去弥补那些自己没有做好的事情。

如果有一个人,他的人生很失败,就算他为自己找了一千个一万个借口都不能改变失败的事实,如果他在借口中度过余生,那么最终

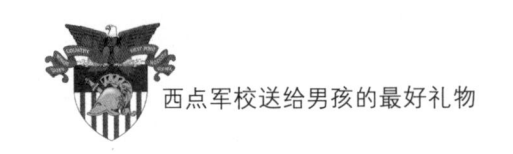

他都只能是一个失败的人。

　　学习没有借口，工作没有借口，自己的人生更是没有任何借口。西点军校就是要让学生明白，我们无论面对怎样的困难，遭遇什么样的环境，都必须学会对自己的行为负责，都必须全力以赴去完成自己的目标。

　　阿尔伯特·哈伯德是全球闻名的大作家，他一生中最为著名的作品就是《致加西亚的信》，这部作品畅销全球数十个国家，拥有数千万册的销量。在这部作品中，阿尔伯特描写了一个叫作罗文的士兵。

　　当时正值美国与西班牙开战，而美国方面打算与西班牙的反抗军首领加西亚取得联系。然而加西亚在古巴丛林的山中，没有人知道他所在的确切地点，所以致加西亚的信是一封不知能否送达的信件。

　　美国总统迫切需要一名能够把信送给加西亚的人。于是有人向总统推荐了一名叫作罗文的士兵。罗文拿了信，装进油纸袋里封好，然后立即出发，穿越了危机四伏的战区，最后成功地把信交给了加西亚。

　　从他取信到出发，他没有问："加西亚在哪里？我怎样才能找到他？找不到怎么办？有危险怎么办？"而是选择立即出发矢志完成任务。

　　如今在管理界，人们把罗文精神定义为一种不找借口立即行动的执行力，是当今企业最看重的一种能力。

　　1886年的西点毕业生，**美国名将潘兴将军有一句名言就是："请直接告诉我结果，不必做过多的解释。"**著名的巴顿将军就曾经在潘兴将军旗下效劳，有一篇日记写过这样一个故事：

　　有一天，潘兴将军派巴顿去给豪兹将军送信，而巴顿了解所有有关豪兹将军的情报只是说他已通过了西区牧场。于是巴顿天黑前赶到了牧场,没有找到豪兹将军但是遇到了第七骑兵团的运输队,巴顿要了两名士兵三匹马,找到车辙的痕迹继续前进。

追了很久,又遇到了第十骑兵团的侦察队,侦察队告诫巴顿前方可能会有危险,但是巴顿与侦察队要了些干粮和水,继续前进。就这样巴顿穿过峡谷,依靠不断获得干粮置换马匹最终找到了豪兹将军,完美地完成了任务。

如果巴顿将军当时遇到困难和风险就回营向潘兴将军找一堆理由和借口搪塞,恐怕潘兴将军不会对巴顿有多赏识,或许世界上从此就少了这样一个具有传奇色彩的名将了。

有趣的是,巴顿将军不仅自己贯彻没有任何借口的精神,他在成为一代名将之后,处理下属军官晋升问题时,也同样以此为首要准则。在回忆录《我所知道的战争》中,巴顿将军写过这样一个故事:

有一次巴顿将军想要提拔一个军官,但是候选人有6个。于是巴顿将军将6位候选人全部找来,给他们布置了一个任务:要求他们在仓库后面挖一条战壕,8英尺长、3英尺宽、6英寸深。巴顿将军只说了这么多就走开了,然后偷偷躲在仓库的角落观察这6位候选人。

6位候选人将工具放在仓库后面的地上,沉默几分钟后,开始纷纷讨论起来,有人疑惑:巴顿将军为什么让我们挖那么浅的战壕?6英寸深还不够火炮掩体呢。也有人抱怨:这样的体力活是不是应该找新兵来做?但有一位候选人斩钉截铁地说道:"让我们把战壕挖好后离开这里吧,巴顿既然要这样做总有他的理由。"最后巴顿就提拔了这位候选人。

巴顿在回忆录中这样写道:"我并非希望所有伙计都不去思考问题背后的原因,但是有建议可以和我提前或稍后讨论,当下接受了命

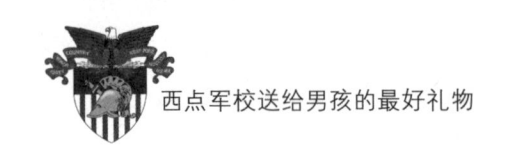

令就必须不抱怨不质疑地去立即完成，我想要挑选的是不为任务找借口、全力以赴完成任务的人。"

男孩们，在日常的学习生活中你们是否是一个经常找借口的人呢？作业没做好是因为身体不舒服，上课不专心是因为同桌和你讲话，违反纪律是因为别人这样做自己没办法……其实我们才是自己的主人，有能力为自己的行为负责，找借口并不是一个好习惯。

人的习惯总是在不知不觉中养成，我们的行为、态度和思考问题的方式渐渐形成一种定式，这就是我们的习惯。第一次为自己找借口，或许你能够成功地为自己开脱并安全渡过难关，然后就难免第二次第三次不断地找借口，最终变成一事无成，唯一擅长的恐怕也就只有找借口了。

西点军校与一般大学机构设置有所不同，只有本科教育而没有研究生院，因此许多西点毕业的学生如有继续深造的打算，都会选择前往其他学校进一步学习。

一位在哥伦比亚大学读研究生的西点毕业生这样说道："我能够在哥伦比亚大学获得优异的成绩离不开我在西点军校学会了的精神。西点不允许学生找借口，鼓励全力以赴达成目标的精神。在西点，如果我被授予一项任务，那么我必须按时保质保量地完成，没有任何原因或理由可以去抵赖。"

一位名校的学者也曾经指出，他所接触的西点毕业生在跟随自己继续研究深造时，给他留下了非常深刻的印象。他这样说道："就态度而言，西点毕业的学员堪称完美。只要我给他们布置一项作业，他们不会埋怨或是找任何借口，而是选择立即动手埋头苦干，全力以赴完成任务。"

西点毕业生亚历山大·黑格将军曾经叱咤美国政坛，肯尼迪、尼克松、基辛格都曾经视他为首席幕僚，黑格成功的秘诀是什么呢？曾

送给男孩的第二份礼物：责任荣誉的准则

经有人总结为这样几点：夜以继日的艰苦工作，卓越的参谋才能，以及与上司亲密无间的合作。就算是黑格的政敌都不禁感叹道："黑格一天工作时间长达14个小时，一星期7天他总是保持高昂的斗志，从来不会为自己的工作去找任何无用的借口。"

找借口是庸人的托词，因为找到借口可以掩盖过失，可以推卸责任，还可以原谅自己，但最终只会被自己的借口所过度"保护"而消磨斗志变成庸庸碌碌的无为之人。

"没有任何借口"的精神是西点军校奉行了二百多年的行为准则，为西点培养了一代又一代的名人。不为自己找借口，不推卸责任是因为西点人强调责任和荣誉，信奉至高无上的荣誉准则。

西点军校毕业典礼

西点荣誉准则

在西点军校,让所有西点人最感到自豪的就是西点著名的"荣誉准则"——**"每个学员绝不撒谎、欺骗或盗窃,也绝不容忍其他人这样做"**。这"四不"信条,来源于美国陆军使用的军官荣誉信条和传统格言。1922年,麦克阿瑟将军还根据荣誉准则设立了军校生荣誉委员会。

不撒谎。在西点,撒谎是最大的罪恶。西点1985年颁发的文件,对"撒谎问题"作了如下规定:

学员的每句话都应当是确切无疑的。他们的口头或书面陈述必须保持真实性。故意欺骗或哄骗的口头或书面陈述都是违背《荣誉准则》的。信誉与诚信紧密相关,学员必须获得信誉。只有通过准确无误的口头或书面陈述,才能获得荣誉。

在西点,不论是口头或是书面的报告,都必须是最完整、最准确的正式陈述。学员个人必须保证报告在呈递前后的准确性。列队报告时,组织者只有确认缺席学员是得到批准时,才能认为这个学员的缺席有正当的理由。假如报告上交了,后来又发现其中有不准确之处,必须尽早报告新的情况。

每个人不仅对自己的行为负责,为自己所说或所写的陈述负责,也要对别人的行为负责,这是西点经常对学员提出的要求。因此,学员要常以口头或书面陈述的方式来表明他履行各种义务的情况,而这些口头或书面的陈述就代表着你个人,只有客观准确无误,才能赢得荣誉。

不欺骗。西点认为,如果学生为自身利益采取欺骗行为,或帮别人这样做以期获得不正当的利益,就是以欺骗方式违反了荣誉准则。西点认为学员的"欺骗"包括:剽窃(不加证明地引用别人的观点、别人的话、别人的材料或工作,以充己有);不正当表现(在作业的准备、修改或校对中得到别人帮助而不加以说明);使用未经允许的笔记等。

学员在论文、报告和设计中常使用别人的某些观点、语言、资料和成果,而且,在准备修改、编辑、整理、纠正、校对以及检查作业时,也常得到别人帮助。学员必须清楚、明确地注明作业中哪些部分不是自己独立完成的,特别要明确指出材料全部来源和各种接受援助方式。受其启发而产生新的思路或观点的材料,学员也要注明。

学员经常处在可能偷看别人作业的环境中完成评分的作业。学员必须知道,即使仅仅是为了验证自己作业正确与否而去看别人的作业,也是违反荣誉准则的。学员如果无意中看了别人的作业且是评分作业,必须向教员说明情况。

仅以准备和上交作业为例。学员作业的准备与上交代表着他个人的努力,得到别人的帮助和资料要有充分的说明。学员上交的作业,无论批过与否,都表明学员已经清楚而明确地说明了所使用材料的全部来源和得到的帮助,以及使用的程度。如果没有这方面的说明,则属于欺骗性行为。

同时,西点还十分注重学员的独立性。学员不应过分依赖别人的帮助,因为作业必须反映学员独立思考的程度。这种不受限制的帮助要满足一个要求:学员对获得的帮助要加以注明并表明这种帮助的程度。

不盗窃。如果学员从物主或者他人那里,通过各种手段,非法地

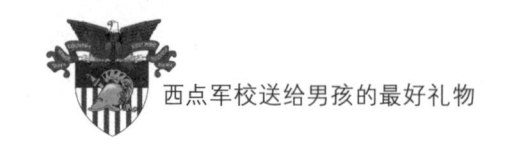

拿到、得到或者留用他人钱物以及任何有价值的东西，而且有意长久地据为己有，或者给别人使用，就属于盗窃，违反了荣誉准则。

军营的严密生活环境和学员彼此间形成的信誉，是学员生活中不可改变的两个方面。荣誉准则和制度培养了友谊和信任，保证了严密的军营中门不上锁，学员不用担心自己的财产被偷走。学员在借东西前，必须得到主人的同意。随意借东西将按学员纪律制度进行调查。如果没有及时归还物品，将被视作偷窃行为处理。西点图书馆对所有学员开放，但学员不应利用这个方便滥用资料，非法地拿走材料，把期刊中的书页撕下，将参考材料有意放错地方，但又打算以后什么时候再行归档，都是不道德的行为。因为这样的结果，影响了其他人利用这些资料，或减少了其他人借助这些材料学习与研究的可能性。因此，这些行为都被认为是欺骗或偷窃。

在西点，荣誉制度和纪律规定相比似乎前者更引人注目，更有权威，也更严厉。背离荣誉准则的处罚一般也要比违反纪律的处罚来得严重。

1966届有一位不幸的新学员，由于过不惯冷峻单调的生活而心慌意乱，跑去参加一个学员的宗教团体晚会，想在那里找到几小时的安慰。当时，他不知道按照章程规定他有权参加这个聚会，他是忍不住偷偷去的，并在自己的缺席卡上填了"批准缺席"。当晚回到宿舍后，他又回顾了一下自己的所作所为，左思右想总觉得自己犯了罪。于是，便向学员荣誉代表坦白交代了。这时他才知道自己有权参加那个聚会。但一切都已经晚了，虽然他的行为一点也没有违反校规，但荣誉委员会认为他有违反荣誉准则的动机，所以第二天他就被开除了。

西点的荣誉准则还体现在他们的毕业戒指上。美国陆军军官在岗时只被允许佩戴两个饰物，一个是订婚或是结婚戒指，还有一个就是西点军校的毕业戒指。

自从1853年起,西点军校就形成了一个传统,每一位西点毕业生正式通过了四年的磨炼顺利毕业时可以购买一枚特制的毕业戒指,戒指上面刻有美国军事学院(USMA)的字样及毕业日期和铭文,有些戒指上面还刻有主人的名字。

在西点军校的图书馆,专门陈列有许多西点校友的毕业戒指,许多学生去世或在战场上阵亡后戒指被捐献给学校,这些戒指按年份和军衔排列,记录着西点的荣光与辉煌。曾经有个学生违反了西点的荣誉准则,虽然之后可以继续留校,但许多校友在这个学生毕业之后都试图追回他的毕业戒指,认为他不配拥有西点荣光的象征。可见西点人对其荣誉准则的捍卫。

西点军校的学生甚至认为:西点军校的荣誉准则标准高于法律,因为作为军事领导者,我们需要更高的荣誉美德。诺尔顿将军也说过:"荣誉准则是全体西点人高度坚持的原则和使命。"而马修·里奇将军则更为坚定地表达了同样的想法:"西点军校一直是美国陆军精神无穷无尽的源泉,是陆军军官中的西点毕业生将荣誉准则的精神不断灌输给全体军官和将士。我们绝不会向某些低下的社会道德作出让步而放弃西点军校的荣誉准则。"

西点对于荣誉准则的强势捍卫与西点的校训也密不可分。

"责任、荣誉、国家"是西点的校训,是指引着一代代西点学员的做人之本、立业之源。而荣誉肩挑着责任和国家。

1962年,麦克阿瑟在西点以"责任、荣誉、国家"为题做了慷慨激昂的演讲。他这样说:

责任、荣誉、国家。这些神圣的名词庄严地指出您应该成为怎样的人,可能成为怎样的人,一定要成为怎样的人。它们是您振奋精神的起点;当您似乎丧失勇气时,由此鼓起勇气;似乎没有理由相信时重

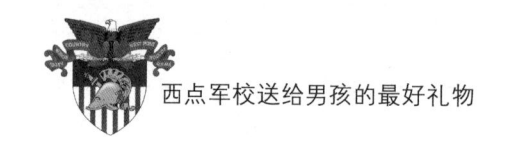

建信念；当信心快要失去的时候，由此产生希望……

它们塑造您成为国防卫士；使您软弱时能够坚强起来，畏惧时有勇气面对自己。在真正失败时要自尊自强，不屈不挠；成功时要宽容谦和，要身体力行不崇尚空谈；要学会管理压力懂得直面困难和挑战的刺激；要学会巍然屹立风浪之中……它们在你们心中创造奇境，永不熄灭的进取精神，以及生命的灵感与欢乐。它们以这种方式教导你们成为军官或绅士。

您所率领的是哪一类士兵？他们可靠吗？勇敢吗？他们有能力赢得胜利吗？他们的故事您全都熟悉，那是美国士兵的故事……在年轻力壮的时期，他们奉献出了一切与忠诚，他无须我与别人来颂扬，他们自己写下了自己的历史，用鲜血写在敌人的胸膛上。可是，当想到他们在灾难中的隐忍，在战火里的英勇，成功时的谦虚，我满怀的赞美之情是无法言状的……

当我听到合唱队在唱着昂扬的歌曲，在记忆中，我看到第一次世界大战中蹒跚的行列，在透湿的背包的重负下，从大雨到黄昏、从细雨到黎明，疲惫不堪地行军，沉重的脚踝深深踩在弹痕斑斑的泥泞路上，进行你死我活的斗争……他们从不犹豫，毫无怨恨，满怀信念，嘴边唠叨着继续战斗直到胜利。他们信奉责任、荣誉、国家……这几个名词的准则贯穿着最高的道德准则，并将经受任何为提高人类文明而做的伦理或哲学的检验。它所要求的是正确的事物，它所制止的是谬误的东西……

荣誉是职业军人的行为标志，是军事生涯的重要组成部分，对于一个军人来说，荣誉即吾命！既然投身军营，要在军事领域奉献青春年华，就要有强烈的成就欲，有强烈的荣誉感。通过成就创造荣誉，通过荣誉感取得更大的成就，西点对此坚信不疑，也始终把荣誉教育予以优先考虑。

西点的教育方针指出：责任和荣誉是军事职业伦理观的基本成分，它们鼓舞着指导着毕业生努力报效国家。荣誉起着某种完美观念的作用，这一作用既可以使爱国主义精神长存，又可以提供一种度量责任履行程度的天平。这无疑充分说明了荣誉在这三者之间的重要性，荣誉肩挑着责任和国家。

西点的学员把荣誉看得十分重要。西点新生一入学，就要首先接受16小时的荣誉教育。教育只用具体事例说明珍惜荣誉的重要性和方式方法，以及荣誉感对一生的好处。然后，以不同的方式将荣誉教育体系贯穿于4年学习生活的始终。目的是让每一个学员逐步树立起一种坚定的信念：荣誉是西点人的生命。

陆军的菲尔将军说：在西点军校，荣誉制度是非常重要的，我认为，这一荣誉制度是西点军校不同于其他学校的要害所在。我非常珍惜这一制度，如果我们去掉它，我宁愿从后备军官训练团和候补军官学校接收陆军军官，而把西点军校忘掉。这就是荣誉制度的重要性所在。

西点如此重视和捍卫荣誉准则，是因为西点培养的不仅是一名军人，更是社会的精英。在西点，荣誉是一切。人生需要荣誉。没有荣誉的人生，是黑漆漆无声无息的。所以英国的诗人拜伦有两句诗道："情愿把光荣加冕在一天，不情愿无声无息地过一世！"

男孩们，你们有没有想过自己的荣誉是什么？不说谎不欺骗不盗窃，不违反纪律不逃避责任，为自己争光，努力成为父母的骄傲，这就是你们的光荣和信誉所在。

魔鬼总在细节中下手

美国法学家霍姆斯曾经写过一篇文章《每一个细节背后的伟大力量》,而西点军校也深信细节的力量。西点一再强调必须熟知每一个细节,从背诵一些守则、擦亮扣环到M16步枪的构造和使用。或许这些小事都并不起眼,但是西点却严格要求每一个学员都要做好。

西点很重视对新学员的细节训练,要求新学员背诵新学员知识,除了记住会议厅有多少盏灯、蓄水库有多大蓄水量外,还包括大声当众背诵行事日历(今天几点将做什么事),学校很注重服装仪容的细节。

西点让所有的学生都明白,战场上,任何一个细微的错误、一个细节的忽略都有可能导致流血牺牲,甚至整个战局的改变。战场上无小事,细节决定成败。

国王理查三世准备拼死一战了。里奇蒙德伯爵亨利带领德国军队正迎面扑来,这场战斗将决定谁统治英国。

战斗进行的当天早上,理查派了一个马夫去准备好自己最喜欢的战马。

"快点给它钉掌,"马夫对铁匠说,"国王希望骑着它打头阵。"

"你得等等,"铁匠回答,"我前几天给国王全军的马都钉了掌,现在我得找点儿铁片来。"

"我等不及了。"马夫不耐烦地叫道,"敌人正在推进,我们必须在战场上迎击敌兵,有什么你就用什么吧。"

铁匠埋头干活,从一根铁条上弄下四个马掌,把它们砸平、整形,固定在马蹄上,然后开始钉钉子。钉了三个掌后,他发现没有钉子来钉第四个掌了。

"我需要一两个钉子,"他说,"得需要点儿时间砸出两个。"

"我告诉过你我等不及了,"马夫急切地说,"我听见军号了,你能不能凑合?"

"我能把马掌钉上,但是不能像其他几个这么牢固。"

"能不能挂住?"马夫说。

"应该能,"铁匠回答,"但我没把握。"

"好吧,就这样,"马夫叫道,"快点,要不然国王会怪罪到咱俩头上的。"

两军交上了锋,理查国王冲锋陷阵,鞭策士兵迎战敌人。"冲啊,冲啊!"他喊着,率领部队冲向敌阵。远远地,他看见战场另一头几个自己的士兵退却了。如果别人看见他们这样,也会后退的,所以理查策马扬鞭冲向那个缺口,召唤士兵调头战斗。

他还没走到一半,一只马掌掉了,战马跌翻在地,理查也被掀在地上。

国王还没有再抓住缰绳,惊恐的畜生就跳起来逃走了。理查环顾四周。他的士兵们纷纷转身撤退,敌人的军队包围了上来。

他在空中挥舞宝剑,"马!"他喊道,"一匹马,我的国家倾覆就因为这一匹马。"

他没有马骑了,他的军队已经分崩离析,士兵们自顾不暇。不一会儿,敌军俘获了理查,战斗结束了。

从那时起,人们就说:

少了一个铁钉,丢了一只马掌,

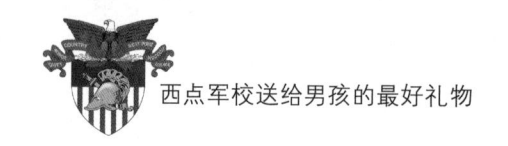

少了一只马掌，丢了一匹战马。

少了一匹战马，败了一场战役，

败了一场战役，失了一个国家，

所有的损失都是因为少了一个马掌钉。

魔鬼总是选择在细节中下手，在你稍不留神之间，它就会偷偷地侵蚀渗透，最后带来严重的后果。

对于在成长中的男孩来说，今天或许你只是做了一件小小的错事，无伤大雅，但久而久之就可能渐渐养成不良的习惯。例如，今天你只是迟到了几分钟，没有人指责你，如果你没有警惕那藏在角落里叫作恶习的魔鬼，那么长久积累你就可能变成一个拖拉不值得信赖的人。又例如，有的人错拿了别人的东西却没有去还，一开始可能只是一个失误并非有心之举，但是长久积累则可能变成偷窃的行为。

乔治·福蒂在《乔治·巴顿的集团军》中写道："1943年3月6日，巴顿临危受命为第二军军长。他带着严格的铁的纪律驱赶第二军就像'摩西从阿拉特山上下来'一样。他开着汽车转到各个部队，深入营区。每到一个部队都要训话，诸如领带、护腿、钢盔和随身武器及每天刮胡须之类的细则都要严格执行。巴顿由此成为美国历史上最不受欢迎的指挥官。但是，第二军却的的确确发生了变化，它不由自主地变成了一支顽强、具有荣誉感和战斗力的部队……"

巴顿一次次地训话，强调诸如领带、护腿、钢盔和随身武器及每天刮胡须之类的细则，虽然让士兵厌烦，但是却在不知不觉中，使他们由细节开始转变，并最终改头换面。不得不说巴顿强调这些细节是有原因的。

西点学生每天都要检查服装仪容，包括皮鞋、扣环擦亮，上衣正确扎进裤子或裙子，衬衫衣衩和裤缝对直成一条线。西点把这些细节的检查作为衡量一个学员的重要参考尺度。一个不注重细节，忽略细节的人，在战场上是不可能有冷静的头脑及过人的分析的，而冲动、鲁莽恰恰是战场上的大忌。

学习细节也让西点学员了解，追求完美并不困难，就像擦鞋一样易如反掌。只要你学会了把鞋擦亮，对于更重大的事情，同样可以做到尽善尽美，而不是决定于别人。西点努力训练学员养成追求完美的习惯，变成像呼吸一样的本能反应。

伟大的成就来自细节的积累，一切的成功者都是从小事做起，无数的细节就能改变生活。

恺撒大帝有一句名言："在战争中，重大事件往往就是由小事所造成的后果。"战场上一个细微的错误和忽略都有可能导致严重后果，甚至导致战局改变。

第一次世界大战时，在法军与德军交战的阵地上，突然一声巨响，法军前沿阵地上一个隐蔽的秘密指挥所被德军炮弹炸得粉碎……地图和文件在燃烧，部队的一位将军倒在血泊之中。

后来经过调查，法军军官才了解到灾祸的来源竟然是一只小猫。那个被炸死的将军在秘密指挥所养了一只小猫，每天中午，将军都会把小猫放在秘密指挥所屋顶上晒太阳。

这个情况被德军侦查员发现了，这个狡猾的侦查员经过数天的观察发现，这只小猫是家猫而不是野猫，并且是属于非常名贵的品种，不是下级军官能够养得起的。于是，他判断，这栋屋子里面住着法军的高级军官，甚至可能是秘密指挥所。这就是法军指挥所灾祸的来源。

不管是在战场上还是在日常生活中，我们对于学习生活和习惯的养成具备防微杜渐的心态实在是非常有必要的。

男孩们，你的每一个小习惯和细枝末节的行为都在他人的观察之

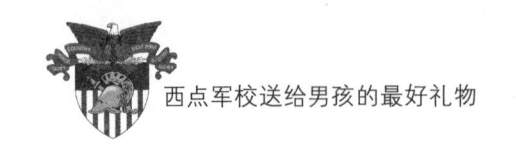

中，人们也会因此对你有所判断和了解。如果你希望成为别人眼中的强者，就要从细节入手，关注每一次作业、比赛和社会活动，养成良好的习惯。

每个人所做的生活，都是由一件件小事构成的。士兵每天所做的工作就是队列训练、战术操练、巡逻、擦拭枪械等小事；饭店的服务员每天的工作就是对顾客微笑、回答顾客的提问、打扫房间、整理床单等小事；秘书每天所做的可能就是接听电话、整理报表、绘制图纸之类的小事；而男孩们的生活则充满着上课、报到、学习、考试、锻炼等各类事件。

很多男孩都会大大咧咧地认为生活中的细枝末节无关紧要，但这常常是学习和生活的关键。对待小事、对待细节的处理方式往往反映了学生学习和处世的态度。是积极面对、脚踏实地，还是整日空想成功，却不愿从身边的事情做起，这就是成功者与失败者的区别。

有一位年轻人，在一家石油公司谋到一份工作，任务是检查石油罐盖焊接好没有。这是公司里最简单枯燥的工作，凡是有出息的人都不愿意干这件事。这位年轻人也觉得，天天看一个个铁盖太没有意思了。他找到主管，要求调换工作。可是主管说："不行，别的工作你干不好。"

年轻人只好回到焊接机旁，继续检查那些油罐盖上的焊接圈。既然好工作轮不到自己，那就先把这份枯燥无味的工作做好吧！

从此，年轻人静下心来，仔细观察焊接的全过程。他发现，焊接好一个石油罐盖，共用39滴焊接剂。

为什么一定要用39滴呢？少用一滴行不行？在这位年轻人以前，已经有许多人干过这份工作，从来没有人想过这个问题。这个年轻人不但想了，而且认真测算试验。结果发现，焊接好一个石油罐盖，只需38滴焊接剂就足够了。年轻人在最没有机会施展才华的工作上，找到了用武之地。他非常兴奋，立刻为节省一滴焊接剂而开始努力工作。

原有的自动焊接机，是为每罐消耗39滴焊接剂专门设计的，用旧的焊接机，无法实现每罐减少一滴焊接剂的目标。年轻人决定另起炉灶，研制新的焊接机。经过无数次尝试，他终于研制成功"38滴型"焊接机。使用这种新型焊接机，每焊接一个罐盖可节省一滴焊接剂。积少成多，一年下来，这位年轻人竟为公司节省开支5万美元。

一个每年能创造5万美元价值的人，谁还敢小瞧他呢？由此年轻人迈出了成功的第一步。

许多年后，他成了世界石油大王——洛克菲勒。

有人问洛克菲勒："成功的秘诀是什么？"他说：**"重视每一件小事。我是从一滴焊接剂做起的，对我来说，点滴就是大海。"**

点滴的小事之中蕴藏着丰富的机遇，不要因为它仅仅是一件小事而不去做。要知道，所有的成功都是在点滴之上积累起来的。

许多时候，我们觉得没有多大联系的一些细节却往往决定着整个事件的结果。

拿破仑是一位传奇人物，在世界各地都拥有一大批崇拜者。"这世界上没有比他更伟大的人了。"英国前首相丘吉尔曾经这样评价拿破仑。这位军事天才一生之中都在征战，曾多次创造以少胜多的著名战例，至今仍被各国军校奉为经典教例。然而，1812年的一场失败却改变了他的命运，从此法兰西第一帝国一蹶不振逐渐走向衰亡。

1812年5月9日，在欧洲大陆上取得了一系列辉煌胜利的拿破仑离开巴黎，率领浩浩荡荡的60万大军远征俄罗斯。法军凭借先进的战法、猛烈的炮火长驱直入，在短短的几个月内直捣莫斯科城。然而，当法国人入城之后，市中心燃起了熊熊大火，莫斯科城的四分之三被

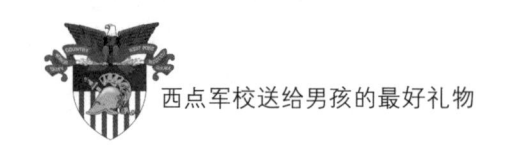

烧毁，6 000多幢房屋化为灰烬。俄国沙皇亚历山大采取了坚壁清野的措施，使远离本土的法军陷入粮荒之中，即使在莫斯科，也找不到干草和燕麦，大批军马死亡，许多大炮因无马匹驮运不得不毁弃。几周后，寒冷的天气给拿破仑大军带来了致命的诅咒。在饥寒交迫下，1812年冬天，拿破仑大军被迫从莫斯科撤退，沿途60万士兵被活活冻死，到12月初，60万拿破仑大军只剩下了不到1万人。

关于这场战役失败的原因众说纷纭，但谁又能想到小小的军装纽扣起着关键的作用呢？！原来拿破仑征俄大军的制服上，采用的都是锡制纽扣，而在寒冷的气候中，锡制纽扣会发生化学变化成为粉末。由于衣服上没有了纽扣，数十万拿破仑大军在寒风暴雪中形同敞胸露怀，许多人被活活冻死，还有一些人得病而死。

西点人深刻明白"罗马并非一天建成的"这个道理，也深知"千里之堤毁于蚁穴"。细节能带来成功，同时也能导致失败。细节就好比是精密仪器上的一个细微的零部件，虽然只是一个细小的组成部分，但是却起着重要的作用，一旦这个"零部件"出错，那就意味着全盘皆输。

有一位老石匠在砌一堵墙，由于这堵墙砌得很自然，因而看起来很美。业主走在自己的田地上，注意到老石匠在砌那些小石块时和砌大石头一样用心，一丝不苟。业主走过来对石匠说："老人家，用那些大的石块砌，不是会干得更快吗？"

"是的，先生，的确如此。"老人回答说，"但是，您瞧，我是要把它砌得好看、坚实、经久不坏，倒不在乎速度快慢。"老人停下来想了一会儿，又说："先生，这些石块很像人们生活中的大小事情。这些小石块要一块一块砌结实，才支撑得住那些大石块。如果撤去这些小石块，大石块没有了支撑，自然也就垮下来了。"

要想获得成功，就必须从小事开始做并坚持下来，凭着坚韧的品质，打好自己的基础。如同那位老石匠所说的，"这些小石块要一块一块砌结实，才支撑得住那些大石块。如果撤去这些小石块，大石块没有了支撑，自然也就垮下来了。"小的事情往往能成为大事情的基础，所以只有持之以恒，用一种坚忍的态度把小事情做好，才能成就一番大事业。

西点前任校长潘模将军说过："细枝末节最伤脑筋。"他的意思是说，即使是最聪明的人设计出来的最伟大的计划，执行的时候还是必须从小处着手，整个计划的成败就取决于这些细节。

细节是一种创造，细节是一种修养，细节是一种艺术，细节更是一种男孩整体素质和习惯优劣的体现。对于一个想要成为真正的男子汉的男孩来说，细节里隐藏着他人对自己的评价，细节体现了他在成才道路上所处的阶段，细节决定了他将来能够达到的高度。

西点军校毕业典礼列队

男子汉的肩膀才承担得起责任

西点军校学员章程规定，每个学员无论在什么时候、什么地点，无论是否穿着军装，无论是否正在值勤或进行私人活动，都必须履行自己的职责和义务。没有责任感的军官不是合格的军官。

无论以后出名与否，西点学生在为人处世上都奉行着不逃避责任、不推卸责任的态度。西点1966届毕业生托尼森曾经在他的作品《西点军校领导课》中提到他自己的许多故事，从中我们不难发现他勇于承担责任的态度。

托尼森毕业后自愿申请去了越南服役，被派往金兰湾，负责修筑沿海地区的公路。以托尼森工兵团少尉的身份，在越南修路工程中，他完全可以轻轻松松地监督工程的进度，但是他却实打实地跟着大家一起同甘共苦。他对自己说：只要工程兵的双脚踩在泥水里，我就绝不应该让自己的双脚干着。他在作品中还提及：西点教导学员必须清楚自己的责任，西点的训练让学员懂得敢于承担自己的职责才是真正的男子汉。

西点军校的学员都非常熟悉这样一句名言："人生所有的履历都必须排在勇于承担责任的精神之后。" 男孩作为男子汉预备役，想要转正为真正的男子汉，就必须明白，生活中我们需要履行承诺，说到做到、令行禁止才能够获得他人的认同和尊重。

送给男孩的第二份礼物：责任荣誉的准则

二战时，艾森豪威尔将军指挥英美联军横渡英吉利海峡，计划在法国诺曼底登陆。这次登陆事关重大，然而就在万事俱备之际，英吉利海峡却狂风暴雨风云突变。数千艘舰艇泊在海湾等待时机，数十万名军人被困岸上进退两难。

终于气象学家送来了好消息，天气将在 3 小时之后变得晴朗。艾森豪威尔明白这是个能够对敌人攻其不备的绝佳时机，但是其中仍然暗藏危机，假如气候情况不如预期，那么军队就可能遭受很大的损失。

艾森豪威尔慎重考虑之后，决定发起总攻，之后的结果想必大家都知道，这一场战役就是历史上著名的扭转二战局势的"诺曼底登陆"。

但在发起总攻之前，艾森豪威尔在日记中记录下这一刻的决定并承诺了责任的归属，他写道："我决定此时此刻发起总攻，是基于当时情况下所能得到的情报和现实状况作出的最佳决定。但如果事后有任何不尽如人意之处需要有人承担责任，那么就由我来一力承担。"

正是这种不逃避责任、不推卸责任的态度令艾森豪威尔获得了无数人的爱戴和支持，并在若干年后被选举为美国总统。说起美国总统，或许大家对于这位总统也并不陌生，那就是美国第 40 任总统里根。

1920 年的一天，美国一位 12 岁的男孩和他的伙伴一起踢足球。一不小心，这个小男孩将足球踢到了邻居家的窗户上，一声脆响，玻璃碎了。一个老人从屋里走出来大声责问是谁踢的，伙伴们都纷纷逃跑了，但是小男孩却走到老人面前低头认错。老人要求小男孩赔偿 15 美元。

当时 15 美元对一个孩子来说堪称巨款，于是小男孩只能回家向父亲申请帮助。没想到一向对他宠爱有加的父亲却告诉他："我可以借这笔钱给你，但是你需要通过自己的劳动还给我。因为这是你自己

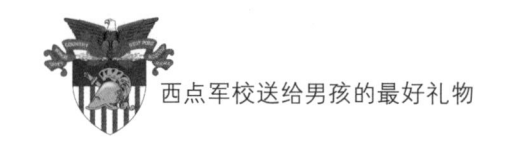

的责任,应该自己承担。"

在接下来的一年中,这个小男孩除草赚钱终于攒够了 15 美元还给了他的父亲。他的父亲表扬他道:"一个能够为自己的行为负责的人,将来一定有出息。"

这个小男孩就是后来的里根总统。

里根的父亲在美国经济大萧条时破产了,大学刚毕业的里根就担负起养家的职责,他始终牢记自己的责任感。这种强烈的责任感也最终帮助他铺陈了一条政界的康庄大道。

男孩们,如果你们处于里根当时的情况,你们会如何选择?承担责任还是推卸逃避?或许你可以选择一时之间逃避责任,但是一旦习惯养成,你就等于变成了一个手不能提肩不能扛的废人。

真正的男子汉才能承担得起责任。愿意承担责任和义务是成熟的标志,因为只有强者才能够对自己负责,把握自己的行为,成为自己的主宰。

西点军校博物馆

诚信胜于一切雄辩

第一次世界大战期间的陆军部长牛顿·贝克将军曾说过:

"在处理日常事情时,有些人也许因为工作的不精确,甚至不真实,受到同事的不敬重,或者受到法律起诉的烦恼。但是,作为一名军官,如果他的工作不精确、不真实,就是在玩弄他伙伴的性命,损害政府的荣誉。

因此,对士兵来说,诚信问题已经不再是什么自豪自尊的问题,它已成为一种绝对的需要,这就迫使西点军校要求其学员养成这种优秀的性格,即毫不含糊、不打折扣、绝对诚信可靠的性格。严格的组织纪律,与其说是一种骄傲,倒不如说是西点的一种教育手段,依靠它来培养学员,使他们具有一丝不苟的诚信的品质。"

做人就应当以诚信为本。没有一诺千金,没有正直忠诚的道德勇气,很难成就不凡的事业。西点一再强调,坚定地履行诺言是很困难的,但实践了诺言的回报是丰厚的。

男孩们,或许有时你撒个谎,做了些虽然不诚信且无伤大雅的事情,可以短时间内获得一些小小的利益,但往往一个谎话需要用无数的谎话才能够弥补,到最后漏洞百出,不但获得不了什么利益,更有可能会变成嚷嚷"狼来了"的孩子,最终自食恶果。

很早以前,听过一个有趣的寓言故事,叫作"诚信的种子",讲述的是这样一个故事:

一位贤明的国王,决定从王国众多孩子中挑选一个,培养成未来

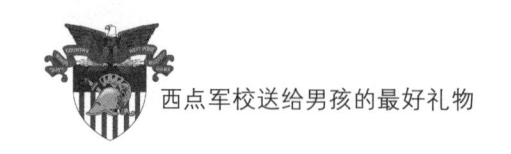

国家的栋梁之材。

国王的方法很独特,他给每个孩子发了一些花种,并宣布谁能培育出最美丽的花朵,那么谁就能够成为未来国家重用的人才。

孩子们得到种子后,开始精心培育。他们从早到晚浇水、施肥、松土,谁都希望自己能够成为那名幸运儿。

有一个贫穷的小男孩儿也分到了一些花种,虽然尽心尽力地培育,但是花盆里的种子始终没有发芽。他感到很沮丧,但是仍然决定前去参加比赛。

比赛的日子到了。孩子们穿着漂亮的衣服走上街头,他们捧着盛开的鲜花,盼望国王的垂青。国王乘着马车缓缓地巡视在花海里。但是,面对朵朵争奇斗艳的鲜花,他始终一言不发也没有给出任何评点。直到他看到那个捧着空花盆的小男孩儿,脸上才露出微笑,并宣布:这个小男孩赢得了这场比赛。原来国王发下去的所有花种全部是煮过的,根本不可能发芽开花。

故事中,小男孩获得了国王的嘉奖,那么现实生活中,父母喜欢什么样的孩子,老师赞赏什么样的学生呢?

有一位教育学家曾经说过:我眼中的好学生无非需要两方面的能力,一是"聪明",即无论智商、情商都很高;二是"努力",愿意尽其所能成为顶尖的人才。然而如果没有"诚信"作为这两项能力的基础,所谓人才也就不再是一位人才,甚至有可能走上不归路。

或许某些时候,孩子们会觉得诚信不撒谎并不能够为他们带来成功和荣耀。然而,男孩们,需要思考的是,我们追求的是一时的成功还是一世的成功?毋庸置疑,人们当然希望获得一世的成功。违背"诚信"的原则只能为我们带来一时的成功,并且这种成功往往还伴随着巨大的风险,它们甚至可能会毁灭一个人未来成功的机会。

我们应该从小就培养自己诚信的品格,拥有诚信品格的人才能成就大事,获得真正的成功。

华盛顿出生在大庄园主家庭,家中有许多果园,果园里长满了果树,但其中夹着一些杂树,这些杂树不结果实,而且长得很高,影响其他果树的生长。一天,华盛顿的父亲递给他一把斧头,要他把影响果树生长的杂树砍掉,但是要注意安全,不要砍着自己的脚,也不要砍伤正在结果的果树。

在果园里,华盛顿挥动斧子,不停地砍伐杂树。突然,他一不留神,砍倒了一棵樱桃树。他害怕父亲知道了生气,把所有他砍断的树堆在一块儿,用杂树把樱桃树盖起来。

傍晚,父亲来到果园,看到了樱桃树倒下时掉在地上的樱桃,就猜到是华盛顿不小心把果树砍断了。尽管父亲已经知道了这件事,却装作不知道的样子,看着华盛顿堆起来的树说:"你真能干,一个下午不但砍了那么多树,还把砍断的杂树堆在了一块儿。"

听了父亲的夸奖,华盛顿的脸一下子红了,他惭愧地对父亲说:"爸爸,对不起,只怪我粗心,不小心砍倒了一棵樱桃树,我把树堆起来是为了不让您发现我砍断了樱桃树。我欺骗了您,请你责备我吧!"

父亲听了之后,哈哈大笑,高兴地说:"你不愧是个诚信的孩子,对于你的诚信,爸爸感到十分欣慰。虽然你砍倒了樱桃树,应该受到批评,但是你没有说谎,我就原谅你了。你知道吗,我宁可损失掉一千棵樱桃树,也不愿意听到你说谎话!"

华盛顿不解地问:"诚信真的那么珍贵么,能和一千棵樱桃树相比?"

父亲耐心地说:"诚信是一个人最为重要的品德,只有诚信的人才能在社会上立足,才能取得别人的信任。看到你这样地诚信,我就放心了,以后把庄园交给你,你肯定会帮我经营好的。"此后,华盛顿一生都把诚信作为做人的原则。

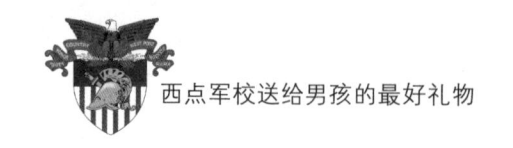

有这样一个数据可能会令很多愿意牺牲"诚信"的品质换取一时成功的人感到惊讶：

据美国出版的《百万富翁的智慧》一书介绍，对美国1 300万富人的调查结果表明，成功的秘诀在于诚信、有自我约束力、善于与人相处、勤奋和有贤内助，其中诚信被放在了第一位。

米拉波曾经说过："假如还没有找到诚信的美德的话，那我们也应该在诚信的品质和名誉方面进行投资，以此作为最好的致富之路。"是的，诚信能够帮助你更靠近成功，获得更多的财富。

阿瑟·项帕拉托里是一家大型运输公司的董事长，他的成功经验也同样说明了"诚信胜于一切雄辩的道理"：

当时我刚10岁，正好遇上了经济大萧条，为了能有自己的零花钱，我在一家糖果店干活。这份工作得来并不容易，我跟店主恳求了好久，他才答应让我试试，因此，我干得十分卖力。一天扫地时，我在糖果桌下捡到了1美元，这可是笔大财产，它相当于我半个月的薪水。尽管我很希望自己能拥有它，但我清楚它并不是我的，便把钱交给了店主。店主接过钱，显得十分高兴，他的话我现在都记得："阿瑟，干得很好！你是个诚信的孩子，知道吗，这是我故意丢在地上考验你的。恭喜你过关了，你可以在这儿一直干下去，直到你自己不愿意干为止。"

当时我高兴极了，我终于有了一份长期稳定的收入，但我没忘记，这一切都源于自己的诚信。

"诚信"虽然可能会影响一个人一时的际遇，但是终将帮助人们实现真正的自我并获得巨大的成功。因为诚信胜于一切雄辩！

诚信的原则是西点军校荣誉准则的重要部分，西点毕业生之所以为如此之多的企业看重，与他们的责任感和诚信的理念密不可分。

责任荣誉的准则就是西点军校送给你的第二份珍贵的礼物。

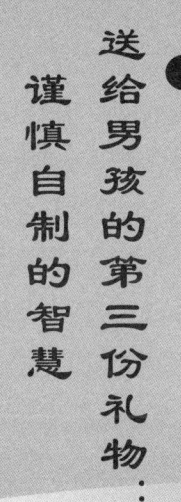

送给男孩的第三份礼物：谨慎自制的智慧

☺ 冲动绝不是英雄的性格

☺ 任何情况下都保持理智

☺ 强者才做得到遵纪自律

☺ 高度自制才能实现高度自由

☺ 将自己看作问题的根源

冲动绝不是英雄的性格

在军事教育发展方针中,西点军校明确提出培养学员"理性的勇敢"。

勇敢的人到处有路可走。西点军校正是看到这点,所以把勇气的培养放在了关键的位置。当然西点培养的并非不顾一切、不计后果的莽夫,而是临危不惧、沉着冷静的勇者。

"理性的勇敢"不是那种不评估环境情况,轻率冲动的路见不平,就拔刀相助的勇敢,不是那种有所不屑就出手相搏的勇敢,或者说不是简单的血气之勇,不是三分钟热血的冲动。**"理性的勇敢"更多表现为控制情绪、冷静分析、临危不惧的原则。**

华盛顿从小就家教甚严,还是小学生时,家里就让他抄写一百遍"如何成为一名绅士"的准则。

1974年,已经成为一名上校的华盛顿驻防在亚历山大市,当时弗吉尼亚州议会正在进行议员选举,有一个名叫威廉·佩恩的人与华盛顿政见不同因此支持的议员人选也不同。

于是两人展开了一场唇枪舌剑的辩论,辩论进行到激烈之处,华盛顿一时没有管住自己的情绪,说了几句颇为难听的话。脾气暴躁的佩恩盛怒之下挥起手杖将华盛顿打倒在地。

华盛顿的部下迅速赶来,愤怒地试图为他们的长官报仇,华盛顿却劝阻大家平静地退回营地,他自己会处理所有问题。

第二天上午,华盛顿约佩恩到一家当地的酒店碰面。按照当时许

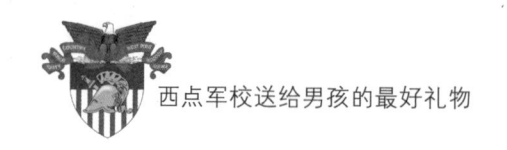

多贵族的习俗，佩恩以为华盛顿会要求他道歉并且会和他决斗，他无法拒绝，无奈只能赴宴。

没想到到了酒店后，佩恩才发现等待他的不是盛怒的华盛顿，而是笑容可掬手持酒杯的华盛顿。华盛顿说："佩恩先生，请你原谅我昨天的鲁莽冲动，如果你觉得我们已经互相抵消，不如就让我们握手言和做个朋友，如何？"

就这样，华盛顿收获了一个朋友而不是敌人，从此之后，佩恩成为华盛顿坚定的支持者。

如果当时华盛顿选择继续鲁莽冲动行事，事情将会如何发展呢？或许当天愤怒的军官会猛揍一顿佩恩，于是他们可能会受到军纪的惩罚葬送前程。

又或者，第二天华盛顿要求和佩恩决斗，那么华盛顿自己可能会有生命危险，甚至还有可能危害无辜者的性命。但华盛顿化敌为友的选择，却让他遵守了纪律，得到了尊重，赢得了朋友。

年轻的男孩们经常觉得冲动是一种有血性的表现，会让自己变得很男人，很有英雄气概。但是通过这个故事你们是否有所领悟？

没有人会怀疑华盛顿是一个英雄，美国首都因华盛顿而命名，但是鲁莽对他的政治生涯显然并无好处，冲动更加不是英雄的性格。宽容待人的风度和一笑泯恩仇的气度才是真正的男子汉的处世原则。

一个孩子无法控制自己的情绪，常常无缘无故地发脾气，或是冲动鲁莽地给家里惹麻烦。

有一天，父亲给了他一大包钉子，让他每次发脾气或是冲动鲁莽行事时就在后院的栅栏上钉一颗钉子。

第一天，男孩在栅栏上钉了12颗钉子，几个星期之后，男孩看着栅栏上密密麻麻的钉子有所领悟，渐渐地学会了控制自己的情绪，遇事冷静处理,于是栅栏上新增的钉子渐渐减少了。

他很高兴地把自己的转变告诉了父亲。父亲又建议道:"如果你能坚持一天不发脾气就从栅栏上拔下一颗钉子好不好?我们来看看多久你能把钉子拔完。"男孩被激起了斗志,坚持不冲动不鲁莽,终于一段时间之后拔完了所有的钉子。

父亲拉着男孩的手来到栅栏边,对男孩说:"你做得很好。但是,你看,栅栏上留下了密密麻麻的小孔,再也无法恢复原来的模样了。对此,你有什么领悟吗?"

男孩思考片刻后摇了摇头。父亲微笑着耐心地说道:"你向别人发脾气之后,你的言语就会像钉子扎在别人的心上,即使事情已经过去,人们的心上也会留下小小的伤痕。如果你做了鲁莽冲动的事情,就可能造成不好的后果。虽然我们可以为你去弥补那些后果,但是人们对你的观感和评价却无法完全弥补,也会留下密密麻麻的钉孔难以愈合。"

男孩想到自己曾经冲动的个性,有些后悔。父亲轻轻拍拍他的头说道:"没关系,从现在开始明白这个道理并不晚。心里要永远记住:冲动并不是英雄的性格。"

并不是所有言语的伤害都能够挽回,并不是所有冲动的行事都可以弥补。每一次冲动之前,或许思考一下自己可能付出的代价会有所帮助。

有人或许会说,做事冲动的人才是有激情和冒险精神的人。这种想法真是大错特错。做事有激情有冒险精神,与处理事情鲁莽冲动完全不同。

有激情有冒险精神时,人们的头脑是清楚的,行动建立在客观理性的分析之上;但是鲁莽冲动时头脑是混乱的,行动建立在主观失控的情绪之上。

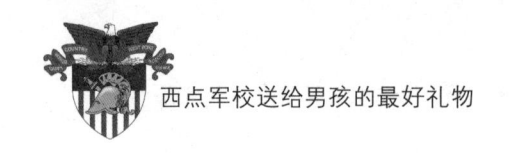

即使是像巴顿将军那样的猛将,其实也完全不是头脑冲动之人。二战时,巴顿第一次见到有着"沙漠之狐"之称的德国统帅隆美尔时,并没有嚷嚷诸如"隆美尔,你这个混蛋,我要杀了你,过来送死吧"这样的话,而是高声喊道:"隆美尔,你这个老狐狸,我读过你的书!"

"我读过你的书",多有意思的一句话,彰显了巴顿的气度,也表现出了他的霸气。巴顿的言外之意就是:我看过你的书,即使你是我的敌人,我也尊重和欣赏你。我看过你的书,因此我了解你,即使你是只老狐狸,也别想从我手中讨到什么好处。

简简单单一句话,名将风采让人不得不折服。男孩们,千万别以为巴顿是什么混世魔王般的将军,必然是个冲动鲁莽之辈,这简直是天大的误会。有时他只是用冲动的行动掩盖自己的实力麻痹他人的判断而已,光靠一股子蛮劲一味冲动怎么可能成为一代名将呢?

所以,男孩们,请记住一句名言:冲动是魔鬼。在你失去理智热血沸腾之际,需要考虑一下自己这样做的后果是什么,会不会对他人造成伤害?能不能保证自己的安全?**即使你是去做一件正确的事情,也有必要衡量环境因素等各方面的风险再行动。**任何事情如果危害他人的利益,威胁自己的安全都应当立即终止,在任何情况下我们都要保持理智。

任何情况下都保持理智

西点军校对所有学员设置了高难度的训练课程,其中有许多课程不仅仅旨在培养学员的体能,而是试图培养学员练习在各种状况下保持理智沉着冷静的心态。

譬如在拳击和摔跤等方面的训练中,对于新手而言,对方的拳头和招式眼看着就要过来,很多新人难免心慌,于是连基本的躲闪或是已经学会的防守招数都会忘记。经过了严格的训练之后,情况就会有所不同,无论他们面对多么强大的对手,都会保持理智,在对方的狂风暴雨中寻找突破的机会。

曾经任职美国巨型企业埃克森公司董事长的利富顿·卡尔是西点军校1965年的毕业生,曾经被派遣至越南。

在越南待了一段时间之后,卡尔被晋升为陆军中尉,换防至越南中部的一个偏远地区。

一天傍晚,他正准备回营帐吃饭,突然一枚炮弹在距离他前方9米的地方轰然爆炸,他的战友在前方高呼:"卡尔,我受伤了。"卡尔立即走上前去,发现他的战友全身是血。这时炮火更为密集了,敌方已经展开了一场猛烈的地面攻击。

卡尔跑回营帐,抓起无线电话卧倒在地。在他若干年后的诉说中,曾经提到:"当时我卧倒在地,有那么一瞬间完全不知所措。我很害怕,在我过去二十几年的人生中,从未有什么事情威胁到我的生命,

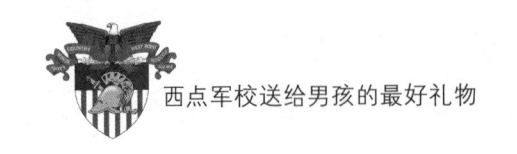

而这一次有无数人向我们攻击要置我们于死地。然而我深知,越危险的情况下越需要保持理智……"

卡尔之后的处理可以说有条不紊,他呼叫炮兵营进行火力支持,下令下属士兵进行反击,通知医护人员立即撤出受伤人员……一系列的行动有序开展,防止了太过糟糕的结果。

科学家蒲柏曾经说过:"我们航行在生活的海洋上,理智是罗盘,情感是大风。"当时卡尔的恐惧和不知所措的情感就好像大风一般将他的营地吹得岌岌可危。但是理智和清醒的头脑则像是罗盘为他点明了方向,帮助他有条不紊地处理问题。

生活中有时你或许会因为一件很小很小的事情失去理智,然而一旦失去理智,很小的事情却可能造成非常极端的后果。以下这个故事或许会让你唏嘘一番。

1956年,纽约举行世界台球争霸赛,奖金高达4万美元,在当时那是一大笔钱。最后的决赛在两位球坛高手福克斯和狄瑞之间举行。

经过长时间的拉锯战,福克斯渐渐占据了领先地位,比赛几乎已经可以预见结果,只要福克斯再得几分,比赛就可以宣告结束。

福克斯正要进行最关键的击球,一片安静的台球桌上突然飞来了一只苍蝇落在了主球上。观众席传来轻笑声,福克斯也觉得很有意思,微微一笑走过去轻轻吹走苍蝇,继续把目光盯在主球上。

然而这只苍蝇盘旋了一番又一次落在了主球上,观众席笑声渐渐大了起来,福克斯皱了皱眉走过去再次吹走苍蝇调整状态准备击球。没有料到,这只苍蝇再次回到了主球上,观众席哄堂大笑,福克斯终于无法保持理智的心态,挥起球杆去赶那只苍蝇。

苍蝇被赶走了,但是由于福克斯已经用球杆碰触了主球,按照比赛规则,此轮他没有了继续击球的机会。

他的竞争对手狄瑞牢牢把握了这次机会,连续击球直到比赛结束……狄瑞获得了世界冠军和 4 万美元的奖金。而福克斯在翌日结束了自己的生命。

失去了理智,一只苍蝇都可以间接害死一个人,多么值得人深思的一个问题。任何情况下,我们都需要让自己的头脑保持清晰的状态,对西点的战士而言这一点则更为重要。

巴顿将军有一句名言:"头脑清楚有时比勇气更重要。" 巴顿带兵向来以敢打敢拼著称,还被赠予了"赤胆铁心"这个名号来形容他打仗时胆大心硬。但他在介绍打仗经验时,却并不像外人所形容的那样一味胆大,而是非常强调脑袋清晰理智冷静的重要性。

有一次,巴顿在弗吉尼亚介绍自己的经验时说:

"我今天想要告诉大家的是:战争并不仅仅需要勇气,还有智慧和理智。

"报纸上把我叫作'赤胆铁心'的老头儿,这个我倒不介意。因为这个封号听上去还算比较酷。但是我必须强调,战争可不是一味靠胆子大的。没有一个军事指挥官可以仅仅依靠勇气或是仅仅依靠机智来打胜仗,应该说,两者缺一不可。

"再次提醒大家,战略需要勇气,也需要清晰的大脑。我的话完了。"

巴顿在战场上始终贯彻这样的思路。1943 年,巴顿在北非战场作战,当时他面对的一项任务是:不惜一切代价占领 396 高地。正当巴顿打算向最近的第 47 步兵团下达命令之际,参谋长告知他一个数据,那就是第 47 步兵团在前面 11 天的战斗里已经伤亡了近四分之一的官兵。巴顿立即致电他的上级说:"这样的疲惫之师很难取得冲刺性的胜利。"同时,他连夜召开参谋团会议确认了一个替代方案,并很快占领了 396 高地。

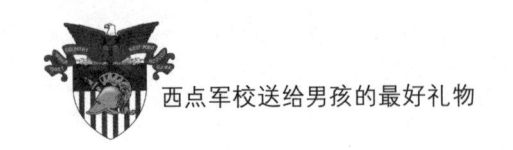

从这件事情同样可以看出，巴顿在战场上时刻保持头脑清晰。一般情况下，面对上级下达的"不惜一切代价"的命令，人们通常会头脑一热迅速派遣就近的步兵团。但是在那样的情况下，巴顿仍然保持理智，认真分析局势向上级提出替代方案。如果冲动行事，第47步兵团可能覆灭，高地反而可能失去占领的最佳时机。

有道是：事业常成于坚忍，毁于急躁。美国石油大王洛克菲勒曾经历过一场官司，这是其中的一幕场景：

"洛克菲勒先生，我要你把某日我写给你的那封信拿出来！"对方律师在态度上明显地怀着恶意。这封信质问的是美孚石油公司的许多事情，而按照法律程序，那位律师并无质问的权利。

"洛克菲勒先生，这封信是你接的吗？"法官问。

"我想是的，法官。"

"你回那封信了吗？"

"我想没有。"然后他又拿出了许多别的信来照样宣读。

"洛克菲勒先生，你说这些信件都是你接的吗？"

"我想是的，法官。"

"你说你没有回复那些信吗？"

"我想我没有，法官。"

"你为何不回复那些信呢？你认识我，不是吗？"那律师问。

"啊，当然，我从前是认识你的！"洛克菲勒平静地回答。

那律师气得近乎发狂，全庭寂静得毫无声息，而洛克菲勒坐在那里纹丝不动。整个案件的审理过程中，在面对对方咄咄逼人的盘问时，洛克菲勒始终保持平和的态度，不动声色地作出答复，最终他赢得了这场官司。

洛克菲勒当然可以发怒，这也是人之常情，但高情商的他心知肚明：失去理智不会带给他任何好处,对手越怒不可遏,自己反而越要保持冷静平和的心态。

所以,当你准备发怒的时候,先想想后果会是什么。如果你知道此时失去理智对你有百弊而无一利,那么请不要逞一时之痛快,你最好约束你自己。约束愤怒并不等于压迫愤怒,而是把愤怒导引为一种行动,用到增进自己的学习和事业上来。

爱尔兰的伟大领导人查尔斯·斯图尔特·巴涅尔,当他还是一个青年人的时候,他的脾气十分暴躁,常常给人缺乏理智的恶劣印象。

一次,一个人看到他坐在马路边,就问他:"喂,小伙子,你有什么问题吗?"这样一个再平常不过的问题也能引起他的怒气,使他失去理智和对方殴斗起来。因为这件事,他被驱逐出了剑桥大学。他的辩护律师也不得不承认,缺乏保持理智的能力是巴涅尔性格上的一大缺陷。

幸运的是,他在跌倒很多次后慢慢醒悟到自己的错误,渐渐练习控制情绪和保持理智的能力。若干年后,巴涅尔崭露头角,成为执掌大英帝国政权的人物。

其他政治家在谈到他时说:"巴涅尔是我见过的最杰出的人物。我在一次演讲中曾对他进行了强烈的谴责,但他一直泰然自若地坐在那里,一动不动。他专心地倾听,脸上毫无表情,一点儿激动的样子也没有,很镇定的样子。他泰然自若的简短的演说,对国会意见的淡然处之,真是不同寻常。他与别人在这种场合的习惯做法大相径庭。"

这就是巴涅尔理智修炼前后的巨大差距,相信你也已经从中得到了启示:当你能面对别人激烈的指责威而不怒保持理智时,你才有能力冷静地纵观全局,不至于被别人企图加之于你的愤怒情绪牵了鼻子走,才能掌控这场无形的战争。

控制情绪保持理智是一种高度凝练的智慧。著名的成功学大师

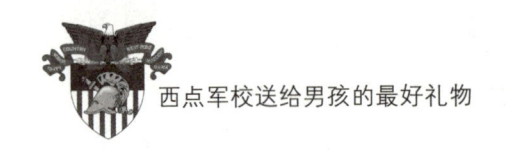

奥格·曼狄诺对于情绪控制曾有过深切的体会。如果你深入领会其中的真谛，并在对待生活的态度上以此为参照，相信用不了多久，你就可以成为情绪的主人。以下就是奥格·曼狄诺有关情绪控制一文的选段：

今天我要学会控制情绪。

潮起潮落，冬去春来，日出日落……自然界万物在循环往复的变化中，我也不例外，情绪会时好时坏。

今天我要学会控制情绪。

这是大自然的玩笑，很少有人看得破天机。昨日的快乐变成今日的忧虑，今日的悲伤又转为明日的喜悦。这就好比花朵今天绽放的喜悦也会变成凋谢时的绝望。但是我要记住，正如今天枯败的花蕴藏着明天新生的种子，今天的悲伤也预示着明天的快乐。

今天我要学会控制情绪。

我怎样才能控制情绪，让每天都过得卓有成效呢？除非我心平气和，否则迎来的又将是失败的一天。花草树木，随着气候的变化而生长，但是我为自己创造天气。

今天我要学会控制情绪。

我怎样才能控制情绪，让每天充满幸福和欢乐？我要学会这个千古秘诀：弱者任思绪控制行为，强者让行为控制思绪。我必须不断对抗那些企图摧垮我的力量。许多敌人是不易觉察的。他们往往面带微笑而来，却随时可能将我摧毁。对他们，我永远不能放松警惕。

今天我要学会控制情绪。

有了这项新本领，我也更能体察别人的情绪变化。我宽容怒气冲冲的人，因为他尚未懂得控制自己的情绪，我可以忍受他的指责与辱骂，因为我知道明天他会改变，重新变得随和。

今天我要学会控制自己的情绪。

送给男孩的第三份礼物：谨慎自制的智慧

我从此领悟了人类情绪变化的奥秘。对于自己千变万化的个性，我不再听之任之，我知道，只有积极主动地控制情绪，才能掌握自己的命运。我成为自己的主人，我由此而变得伟大。

如果男孩们能够用心体会奥格·曼狄诺的这篇经典之作，就会更懂得如何在面对各种情况时保持理智。当人们丧失理智时，他的判断力、理解力和自制力都会急剧下降。失去理智之后人们总是将事情局限于表面而难以冷静地纵观全局，从而错失了解决问题和冲突的机会。

男孩们或许会说，我并不希望自己失去理智，但常常有些事情会激怒我，让我无法控制自己。那么这个时候，男孩们不如想一下，一时不理智所做的事情是否会导致严重的后果，付出高昂的代价，造成无法弥补的错误？事实证明，绝大多数人失去理智时的行为都是错误的。

曾经有先贤说过："控制情绪保持理智是一种高度的智慧"，只有强者才做得到遵纪自律。你想成为一个强者吗？

西点军校餐厅

■强者才做得到遵纪自律

西点军校为了培养最合格的军官,发展了一套完备的军官品德和人格训练的规范,称之为"军校领袖发展系统"。**该系统具体规定了培养军校生的几个基本目标:一个无敌的战士、一个忠诚服务于国家的公仆、一个掌握高新技能的专业人士、一个品德高尚的领袖**,同时也明确了培养军校生的几个基本准则:一是遵守法律,二是服从文职领导人,三是服从上级命令,四是具备团队精神。其中可以看出,遵纪和服从是重中之重。

就拿西点的课堂来说,西点的课堂和考场堪比战场。无故缺席等同于临阵脱逃,将会被校方严惩不贷。即使是上课迟到几分钟都是个不小的过失。曾经任职于西点担任讲师的王飞凌教授在其著作中提到,他制定了较为宽松的上课制度,在发现了学生的疑似作弊行为时也尽可能宽容地处理了,但是西点荣誉委员会通过多方调查,发现这名学生在别的科目上也有类似行为,因此最终这名已经熬到大三的学生被勒令退学,可见西点在违纪方面管理严格。

西点纪律的严厉是出名的,开始大家可能只是为了形式,时间一长习惯成自然,学员逐渐地把军校的目标变成了个人目标,把原本强调的行为变成一种自然的行为,变成了自觉的纪律。

西点从学员进入军校开始就十分强调纪律的重要性。西点人认为自觉自律是意志成熟的标志。战士的生命意味着责任,他必须服从命令,遵守纪律,并且时刻准备着。当冲锋号吹响的时候,他必须出发,哪怕是赴汤蹈火,也不能有任何的犹豫或退缩。这就是纪律的力量。

巴顿可以说是美国个性最强的四星上将,但在纪律问题上,对上司的服从上,态度毫不含糊。他深知,军队的纪律比任何纪律都重要,军人的服从是职业的客观要求。

他认为:"纪律是保持部队战斗力的重要因素,也是士兵发挥最大潜力的关键。所以,纪律应该是根深蒂固的,它甚至比战斗的激烈程度和死亡的可怕性质还要强烈。"

"纪律只有一种,这就是完善的纪律。假如你不执行和维护纪律,你就是潜在的杀人犯。"巴顿如此认识纪律,也如此执行纪律,并要求部属必须如此,这是他成就军事事业的重要因素之一。

有些粗鲁的巴顿并不是强硬的命令者。他从不满足于运筹帷幄和发号施令,他经常深入基层和前线考察,听取部属意见,而且身先士卒,让部队感受到统帅就在他们中间,从而"愿意听从他的命令",愿意服从他的指挥。

西点对于刚刚入学的学员实施强化教育,强化纪律的概念。一年级学员不仅要服从长官、服从纪律、服从各项制度,还要服从高年级同学,甚至包括服从高年级同学莫名其妙的责难。这是西点最受攻击的政策,却从来不曾改变。校方认为,一名合格的军人就必须被打上纪律的烙印,只有这样才能在今后无论多严苛的条件下都能完成任务。

军人的纪律是不允许违反的,如果你不能遵守这些严格得甚至有些过分的纪律,那就只能选择离开。

施瓦茨科夫将军曾经专门谈过这方面的体会。他认为,西点是个令人振奋的地方,成就感较强的青年会很快适应这里的生活,在不知不觉中形成优秀的内在修养,形成标准军人或职业军人的优良品质。

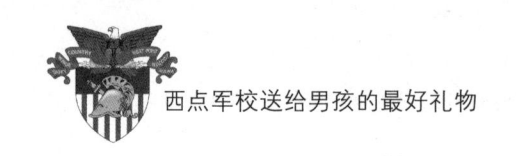

从这个意义上说，西点并不反对自由，而是首先让学员认识纪律之于军人的重要性，并在认识重要性的过程中增加执行纪律的自觉性，从而使严肃的、刻板的、冷漠无情的纪律，变成自觉的、可以适应的、衡量道德价值的纪律。

威灵顿曾经说过："执行命令是一个军人的天职，这是我们的责任，并不是侮辱。"军人的第一件事情就是学会服从。

无条件执行上司的命令，就是服从。服从在西点人的观念中是一种道德。对西点人来讲，对当权者的服从是百分之百的正确，因为他们认为，西点军校所造就的人才是从事战争的人，这种人要执行作战命令，要带领士兵向设有坚固防御之敌进攻，没有服从就没有胜利。

西点军校采用"斯巴达式"的各种训练，使学员身体疲惫不堪，没有提出反抗的余力。而在日常训练中，也强调对军官以及高年级学员命令的服从。例如由高年级学员负责管理低年级学员日常着装训练。高年级的负责人一会下令集合站队，一会又指令低年级学员返回宿舍换穿白灰组合制服（白衬衣加灰裤子），并限定5分钟内返回原地并报告："做好检查准备。"接着又会有新的命令，要求所有人换上学员灰制服。而在这整个过程中，必须无条件地执行命令，不能有任何的借口和抱怨。

西点不提倡盲目服从。西点军校提出的"服从"，绝不仅仅是"听话"，也不仅仅是指机械地遵照上级的指示。服从需要个人付出相当大的努力，它需要在一定限度内牺牲个人的自由和利益。

1902年，威廉·拉尼德对此作了非常生动的描述："上司的命令，好似大炮发射出的炮弹，在命令面前你无理可言，必须绝对服从。"一位西点上校讲得更精彩："我们不过是枪里的一颗子弹，枪就是美国整个社会，枪的扳机由总统和国会来扣动，是他们发射我们。他们决定我们打谁就打谁。"曾有人说，黑格将军所以被尼克松看中，就是因为他的服从精神和严守纪律的品格。需要发表意见的时候,坦而言之,尽其所能,当上司决定了什么事情,坚决服从,努力执行,绝不表现自己的聪明。这就是西点对学员的训诫和要求。

之前我们曾经提到西点军校声名赫赫的新生训练营,即所谓的兽营。这里我们再来看一下新生训练营的时间表:

上午5:00 起床,早餐

上午6:20—6:50 集合,列队出操

上午6:50—7:15 收操,洗漱

上午7:15—8:15 训练前准备

上午8:15—12:00 训练或上课

中午12:00—13:10 午餐

下午13:10—13:45 训练前准备

下午13:45—15:40 训练或上课

下午15:55—17:10 群众性体育活动

下午17:25—18:15 上课或分列式

晚上18:35—19:05 晚餐

晚上19:05—19:25 训练准备

晚上19:25—21:05 训练或上课

晚上21:05—22:00 武器保养,洗漱熄灯

可以看得出新生训练营的时间安排极为严苛。训练营总共8周,每周7个训练日没有休息日,每天12个课时,为期8周的训练营总课时高达682个!

别以为训练营就只有这些招数,战术训练、野外演习和体育锻炼固然让人身体疲乏,但是心态上的折磨也少不了,还有许多的规矩等着新生去应付。

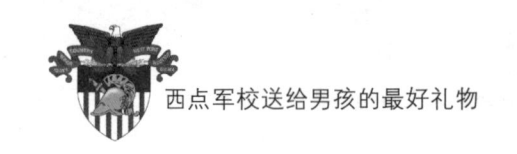

比如说,西点军校学员宿舍布置得非常标准化,必要的家具每人一套。但是《整理宿舍标准程序》规定了许多细节,学员只能将专门批准和配发的东西摆放在固定的位置上,不允许胡乱摆放不属于标准配置的东西。再比如说,西点军校的学员着装也有严格规定,根据季节变化他们配置了不同的制服,每天宿舍可以看到飘扬的"服装旗"标志着今天的标准制服。同时,新生还必须牢记所有军阶、徽章、肩章和奖章等含义,避免闹出什么笑话来。

另外,西点学生每次到大餐厅就餐时也必须规规矩矩,脱帽列队进入,走固定的通道,有固定的座位。一声令下就会有侍者为大家摆刀叉上饭菜,然后学生们才能开始就餐,就餐时身体要端正笔直,不能靠着椅背,必须两眼注视餐盘。

西点军校之所以用如此多的招数来调教学生,就是为了培养学生的自律性。对于无法有效自律的学生,西点也自有一套收拾他们的方法。

《西点军校学员章程》规定,如果学员违反纪律,就会被记下"过失点数",当点数积累到一定程度时,惩罚随之而来。许多行为会造成过失,比如上课或集合迟到,没有正确着装,没有敬礼报告,举止不端,房间脏乱,等等。而惩罚的内容五花八门,比如做杂务,扛着枪全副武装地在院子里走方步等。另外,说个题外话,西点军校的学生非常希望美国总统到访,因为通常总统临走时会宣布一笔勾销西点学员现存的所有"过失点数",实在是令学员欢欣鼓舞。而如有其他国家元首到访,也会有这个赦免权,当他们行使这个权利赦免西点学员的过失点数时,通常受到的欢迎最为真心。

当然,过失点数都是记录一些非原则性的错误,如同前文中所说的那样,如果学员犯下原则性错误就会被西点军校开除。被西点军校开除是个代价高昂的惩罚。因为西点军校学费和生活费是全免的,如果学生被开除,就需要赔偿西点数万美元的损失,而且很有可能名誉扫地。

总体而言,西点军校在加强学生的纪律性和自律性方面可以说非常严苛。然而正是因为这样,西点军校才能够源源不断地诞生强者,因为只有强者才做得到遵纪和自律。

西点军校的校园一景

高度自制才能实现高度自由

西点军校1915年的毕业生,美国陆军五星上将布雷德利曾经说过:"一个能够自制的思想,才是自由的思想。自由就是力量。有时,为了获得真正的自由,必须暂时努力约束自己。"

高度自制才能实现高度自由,这绝对是男孩们应该奉行的警世格言。男孩,尤其是处于叛逆期的男孩,难免向往自由不羁的生活。然而,在这个世界上,绝对的自由是永远不可能存在的。比如说,你获得了对学习无所谓的自由,就会失去将来选择学校的自由;你获得了生活消极散漫的自由,就会失去将来选择工作的自由;你获得了随意撒谎骗人的自由,就会失去家长和老师充分信任充分授权的自由……

这就是为什么赫赫有名的五星上将会劝导后人"为了获得真正的自由,必须暂时努力约束自己"。

因此西点军校历来非常重视学员自制力的培养。西点军事职业教育发展总方针指出:"自制是一种值得特别关注的性格品质,它与正直精神一样,贯穿于模范地履行职责和个人行为的所有方面。"所以,西点也要求每一个学生能成为具备自制力的战士。

西点《集合号》杂志曾刊登学员队司令的一篇文章,专门强调了自制力,文章说:高度自制力是一支优良军队的重要特点,所以,在西点军校,培养自制力非常重要。自制力是军事院校必须为学员灌输的优良品质。如果一个人要想担负领导责任,这种品质是必不可少的;如果一个人要想很好地为国家服务,也必须具备这样的品质。它之所以有这样重要的作用,因为它是一个优秀的人才必备的素质,也是任何优秀的人所希望具有的。

男孩们,如何判断和培养自己的自制力呢?或许可以先来做个小小的测试:

你是否会明知功课来不及做却仍然喜欢拖到最后一秒?

你是否常常想要静下来学习却根本控制不住自己静下来?

你是否会因为同学说了几句不好听的话就暴跳如雷?

你是否喜欢和他人争论辩驳不休?

你是否会因为父母没有认同你而想自暴自弃?

你是否会去做一些明知是错误的事情,即使导致不好的后果也在所不惜?

……

如果以上很多现象你都回答"是",那么恐怕你就是一个自制力还不够的孩子了。

一个人性格的力量有两种,意志力和自制力。自制力带来成功,而缺乏自制力、情绪化的行为举止、冲动易怒只会带来失败。对于男孩来说,情绪化,爱争论,无法专心都是缺乏自制力的表现。

喜欢与人争论甚至争到情绪高亢之时就恶语相加是自制力缺乏的一种表现。著名的成功学大师戴尔·卡耐基曾经说过:"如果你辩论、争强、反对,你或许有时获得胜利,但这种胜利是空洞的,因为你永远也得不到对方的好感。天下只有一种方法能得到辩论的最大利益,那就是避免争论。"

威尔逊总统任内的财政部长威廉·麦肯罗以多年政治生涯获得的经验,总结说:"靠辩论不可能使无知的人服气。"

一个人本不应强求所有的人同你的观点都一样。即便有一万个

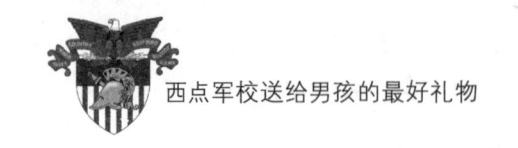

人同意你，也不能保证第一万零一个人也同意你，世界上总会有不同的声音存在，你也必须学会接受不同的声音。争强好辩绝不可能消除误会，达成共识。

情绪化的人往往会被认为"不够成熟"，令人产生不好相处、很难和谐交流的感觉。如果带着情绪去想问题或做事情，往往会导致思考问题的片面化或者把事情搞砸，因为情绪本身影响了大脑的正常思维。

一个人如果想要获得成功，那就必须学会摒弃情绪化的习惯，用理智来驾驭自己，用自制力来引导自己。成功者之所以成功，也并非上天多么眷顾，秘诀就在于他善于改变看问题的态度来改变命运。人的性格难以改变，但可以控制和引导。同样，一个人的情绪化或许有先天的因素在其中，但更多的是个人对情绪的一种失控和放任，才造成了情绪化的坏习惯。

很年轻时，亚伯拉罕·林肯非常容易激动，十分好斗。后来，他懂得了怎样控制自己，成了最有耐心的人。他谈到自己这方面的性格时，说："在黑鹰战争期间，我懂得了控制自己脾气的必要性，从那时起，我就养成了耐心的好习惯。"

当林肯在任美国总统时，陆军长官那德渥德·M.史坦特公然指责林肯是"王八蛋"。因为林肯干涉到史坦特的职权范围，使他勃然大怒，拒绝执行总统的命令。

当史坦特的话传到林肯的耳朵时，林肯却用沉着的语气说："如果史坦特说我是王八蛋，那我就是王八蛋，这个男人所说的话应该不会错才对。到底事实是不是照他所说的，我应该去看看究竟如何。"

于是林肯就到史坦特住的地方，而史坦特将总统命令中有错误的地方读给林肯听，于是林肯立即取消了这道错误的命令。林肯对于他人好意的动机，以及诚恳的批评，都非常乐意接受。

作为一位美国总统,被公然指责为"王八蛋",林肯却依然能够诚恳接受。可见比常人多一点自制,就能够比常人多很多成就。

我们知道,想要成就一番丰功伟绩,超强的忍耐力和自我克制能力必不可少,盲目的冒进和冲动并非真正的勇敢,它只会让你走向失败。要坚定自己的信念,不被任何外来力量所左右,循着既定的目标,历练自己的自制力,相信会更快地带你走上成功的道路。

有个叫艾迪的人,一生气就会跑回家,绕着自己的房子和土地跑三圈。后来,他家房子越来越大,土地也越来越广,但一生气,他仍绕着房子和土地跑三圈,哪怕累得气喘吁吁、汗流浃背。后来艾迪老了,走路要拄拐杖,生气时他还是围着土地和房子转三圈。

他孙子不解地问:"爷爷,您一生气就绕着房子和土地跑,这里有什么秘密吗?"

艾迪看了一眼平时不懂得控制情绪的孙子,耐心劝诫道:"年轻时,我不论和人吵架还是争论,只要生气就绕咱家的房子和土地跑三圈。我边跑边想:自己的房子这么小,土地这么少,哪有时间和精力去跟人生气呢?想到这里我的气就消了。气消了,我就有更多的时间和精力去工作和学习了。"

孙子又问:"爷爷,现在您老了,也成富人了,为什么还绕着房子和土地跑呢?"

艾迪笑着说:"老了生气时,我绕着房子和土地跑三圈,边跑边想:我房子这么大,土地这么多,又何必和人计较呢?一想到这里,我的气也消了。"

故事中的艾迪总是在生气的时候绕着自己的房子和土地跑三圈,其实这也是一种控制自己情绪的好方法。把目光从令你愤怒的事情

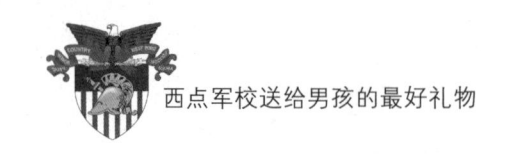

中转移出来，这样的节制才能使你始终把目光放在成功上，你才能比别人更有机会成功。

世界上最难得的人就是拥有很强自制力的人。威廉·乔治·乔丹曾说过：

"人有两个创造者，一个是上帝，另一个是他自己。上帝提供给人的只是生命的原材料，及生活中必须遵守的法则，只有遵守这些法则，才能按照自己的意志创造自己的生活；第二个创造者是他自己，一个人自身拥有非常大的力量，但他很少把它发挥出来。一个人怎样对待自己、塑造自己，这才是真正重要的。"

一个人如果屈从于自身的弱点，他就只能受环境的支配；而如果运用自己的力量，就可以改造环境。人活着是做一个成功者，还是做一个失败者，这取决于每个人自己。不论在重大的历史事件中，或日常生活中的最普通的方面，自制力在本质上都是一样的，不同的是程度。一个人只要愿意，就能具备这种力量，就看你愿不愿意付出代价。

美国石油大亨保罗·盖迪曾经是个烟鬼，每天要抽几十根烟。有一天，他夜宿在一个小城中的旅馆里，深夜里突然想抽根烟，却发现烟盒空了。这时旅馆的小卖部早就关门了，他想要抽到烟就必须换好衣服走挺远的路去镇上的火车站买。

外面下着滂沱大雨，保罗的烟瘾却磨得他实在难受。他不得不换好衣服拿上雨伞准备出门。当他打开房门看到倾盆大雨时，突然心中仿佛敲响了一个警钟：

"我这是在做什么？竟然打算三更半夜走上大半小时的路就为了抽一根烟？我平时是个成功的商人，管理着几千人的大公司，我常常要求他们具备自制力，那么我自己呢？一根烟就会让我如此痴迷作出这样疯狂的举动来，我还怎么算得上一个强者？"

送给男孩的第三份礼物：谨慎自制的智慧

保罗思考了半晌，关上门走回房间，换回睡衣以一种解脱的姿态睡在了床上，突然他有一种自由和解脱的感觉。原来只要他下决心，只要他具备足够的自制力，就没有什么事情或事物能够绑架他的行为。他突然觉得这样才算一个真正的强者。

高度的自制才能实现高度的自由。这也就印证了歌德的一句名言：**"一个人不能控制自己，就不能控制他人。只有先控制自己，才能控制他人。"**

自制力是人们最重要的品质之一，自制力对于人们的意义就好像方向盘和刹车与汽车的关系。如果汽车没有了方向盘，就无法朝着正确的方向行驶；如果汽车没有了刹车，就无法在该停止的时候停止，最终的结果要么是停滞不前，要么就是撞得头破血流。

当一个人面对自己不愿意但必须去做的事情时，仍然能够平静处理，这才是真正的强者。当一个人遭受巨大的痛苦，不断努力却依然无望的时候，却依然能够默默承受，屹立不倒，这才是真正的英雄。

奥里芬特夫人曾说："成功的秘诀在于懂得怎样控制自己并超越自己。假使你懂得怎么支配自己，你就是一个最成功的自我教育者。在我眼里，只要你能控制自己，你就是一个有修养的人；如果不能做到这一点，那么所有的教育都会成为一句空话。"

作为一个渴望最终能成功的人来说，哪怕是一件小事，你也要懂得自制。因为只有在小事面前学会自制，才可能在面对大事的情况下控制好自己。为此，为了能早日成为自己生活的主人，我们应常常反省自己，看看自己的弱点究竟在哪里，究竟是什么阻碍了你走向成功。

自私、虚荣、易怒、暴躁、懒惰之类的弱点，不论它们以哪种方式存在，都必须发现它们并努力控制住自己。当这些弱点想再次显现

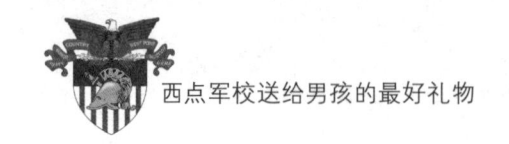

的时候,告诉自己,要控制它,不再让它们成为你成功道路上的绊脚石。

谨慎自制的智慧就是西点军校送给你的第三份珍贵的礼物。

西点军校的操场

将自己看作问题的根源

西点军校学员格雷格·黑丝汀斯曾经分享过有关自己的一则故事：

刚进西点军校不久，西点就给我上了一课，这对我日后生活和工作起到了至关重要的作用。军校的学生都是预备军官，因此各个年级之间的等级非常分明。一年级新生被称为"平民"，在学校里地位最低，平时基本上是学长的杂役和跑腿。但是，并没有人对此会抱怨，因为一年级结束后我们这些"平民"就可以做学长，再然后成为一名军官。

更何况我们还可以进行"幽灵行动"，可以给我们"平民"提供了一个向学长发泄不满的途径。所谓"幽灵行动"，其实就是学生团体之间以幽灵为名义，搞恶作剧捉弄对方的活动。比如，在操练的时候把当指挥官的学长强行抬走。恶作剧一般发生在"陆军海军文化交流周"，其中西点军校和海军军校之间即将进行的橄榄球赛，也会让学员们热血沸腾。

就在比赛的前一天晚上，一位三年级的学长怀特中士邀请我跟他共同完成一个"幽灵行动"。能受到高年级学生的邀请，我觉得很荣幸，于是立刻答应下来。按照约定，在当天晚上11点半，宵禁之后我偷偷溜出寝室，与怀特他们在走廊里汇合，行动的目标是一个来访的海军军校学员，我们的目标就是要把他的宿舍搞得一团糟。这时我有些犹豫，觉得这样可能会有些过分，但是怀特和其他学长都说："别担

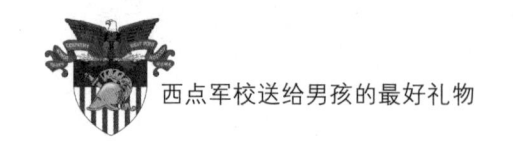

心,我们领头,出了事也跟你没关系。"

于是,大家悄悄摸到"敌人"的宿舍楼,按照事先安排的位置站好。怀特中士用唇语数道:"一……二……三!"说时迟,那时快,我和一个二年级军官猛地推开房门,冲到床头,把两大桶、大约5加仑冰冷的橙汁浇到熟睡的学员身上,然后迅速跑出门外。同时另外两个人向房间里投掷了数枚炸弹(扎破的剃须水罐),顿时到处都是白色的泡沫。最后怀特把散发臭气的牛奶泼进屋里,当天晚上的任务算是圆满完成了。我们大家也麻利地跑下楼梯,在楼门口跟负责放哨的队员会合,然后分成几组撤离。

回到房间,我努力让激动的心平静下来。接下来还有一个轻松愉快的周末,我已经安排好跟同伴去新泽西玩。但是到了深夜3点钟时,突然有人敲响我的房门,原来被捉弄那些海军军官向西点安全部投诉,原因是我们所扔的那些酸牛奶和剃须水毁掉了他书桌上昂贵的电子仪器,连同他们床边的旅行箱也未能幸免。

在接受调查时怀特中士竭力地为我开脱:"是我命令他那么做的,我愿意承担一切责任。"但是训导员不这么认为,他惩罚我们在早饭前把海军军官的寝室变回原样,把弄脏的衣服洗干净。更严重的是训导员宣布,接下来的几个周末,我们都不能休假,而要在校园里受罚。

我当时觉得这一切都非常的不公平,我只不过服从了学长的命令,那么学长就应该对我的行为负责。训导员显然看出了我的不满,训练结束时,他盯着我的眼睛,一字一句地说:"在西点,人人都是领导者。即便是个'平民',你也至少领导着一个人,你自己。因此你必须为那天所做的事担负应该承担的责任。"

直到今天,那位教官的话仍然在我耳边回荡。那是西点给我上的第一课:要想成为优秀的领导者那么先要学会将自己看作问题的根源。

将自己视为问题的根源,在遇到任何问题时,首先想到的是:

"我能够如何改变现状?"

"我要如何处理?"

"我还可以做些什么?"

"我要如何做得比别人更好?"……

而不是"谁应该为此事负责?","他应该如何","为什么他们不能做得好些?","为什么我必须忍受这样的环境?"

要成为优秀的男子汉,卓越的人才,就要将这种把自己视为问题根源的态度根植于内心,形成强烈的责任感,并反映在日常行为和学习中。

男孩们平时在学习生活中,难免会把很多问题拿出来与他人比较,"其他同学"也是这样,"这并不是我一个人造成的"……这样说或许没错,但却不是一种真正对自己负责任的态度。只有在面对问题时,懂得从自己身上先找原因,才能不断地调整自己的行为,才能有持续的进步。

有一家国内知名的企业,在他们的办公大楼前面竖立着一块醒目的牌子,上面写着:"我是一切的根源。"企业的总裁告诉员工:"我们所期待的文化是一种具有责任感的文化,是一种人人都能够承担责任的文化!这就是从我开始承担责任的文化,而不是他人承担责任的文化。以人为本,不仅仅是以一人的利益和方便为本,而是应该以人的责任为本!"

任何人在自己的生活和学习中,如果总是把问题视作别人的,责任视作别人的,那么他就无法从自身角度找到原因,也就无法对自身的能力、行为方式有清晰的认识。长此以往,既无法得到提升和进步,也会越来越难适应周边的环境。

举个最常见的例子,很多男孩子有粗心大意的问题,很多考试题目认为自己会做,但是一到考试就"掉链子",明明会做的题目还是做

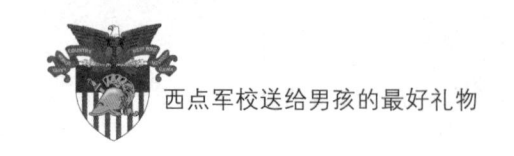

错。如果男孩子们把这个问题仅仅归因于"粗心大意",那么这个问题可能始终很难解决,如果他们能够认清,这个问题的本质其实就是他们本身不够细心、细致,基本功不够扎实,那么他们就会努力去改变自身的问题,把总是"粗心大意"出错的题目拿出来反复训练,那么一定能够得到明显的改善。

很多时候,学生喜欢把"粗心大意"当作小事。但懂得"在自己身上找原因"的孩子从来不会忽略这些小事,因为小处才是最最见真章的。

学生的学习中,并不存在任何小到可以被忽略的知识点,也不可能存在任何可以不被重视的细节。同样是做小事,不同的人会有不同的体会和成就。那些总是不在自己身上找原因,总是忽略小问题的学生,基本上他们的学习成绩是很难得到提高的。

如果学生总是把在学习中的很多细节当作小问题,那么他们的所谓学习都只是消极的混时间,而积极的学生则会将这些小问题看作对自己的锻炼,利用小问题去多方面体会,增强自己的判断能力和思考能力。

西点军校的学员正在操练中

将自己视为问题的根源,不但是男孩们成长发展和进步的基本态度,也是防止男孩们好高骛远、眼高手低的正确思维方式。

其实,每个人生活,都是由一件件小事构成的。士兵每天所做的工作就是队列训练、战术操练、巡逻、擦拭枪械等小事;饭店的服务员每天的工作就是对顾客微笑、回答顾客的提问、打扫房间、整理床单等小事;秘书每天所做的可能就是接听电话、整理报表、绘制图纸之类的小事。

我们每个人所做的事情、所制定的目标都是由一件件小事构成的,这些无数的小事就形成了最终的"大事"。所谓的大事其实是由众多的小事积累而成的,因此忽略了小事就难成大事。我们要从小事开始,逐渐锻炼意志,增长智慧,日后才能做大事。如果只是一味的好高骛远,眼高手低,那么只能是永远干不成大事。

如果一个人总是不能认清自己身上的问题,就不会甘愿于去做一些平凡而又需要积累的事情;如果一个人总是把自身出现的问题归因于别人,就不会懂得如何将寻常事做到不寻常。

许多时候,尤其是对年轻人来说,都难免志存高远却忽视走好脚下的路。但事实正如同那句老话所说的:一屋不扫何以扫天下,每一个伟大的成功背后都有成年累月的勤勉作为铺垫,每一个远大目标的实现都是建立在实现许多小目标的基础上。我们无法跨越这个积累的过程,唯有坚持不懈地做好每一件事,才能帮助我们早日达成成功的梦想。

做事情的各个环节也都关乎最终的成败。每一个环节,每一个步骤都需要我们兢兢业业,小处见真章,唯有做好每一件事,将小事也执行到位,才可能执行好,获得成功。

对待问题的态度不同,解决问题的结果就会不同,给予你的回报也会不同。要踏踏实实地把事情做到位,而不是整日空想成功,好高骛远并且眼高手低,首先需要的一个正确态度就是从自己身上找问

题，清楚明白地看到自己的问题所在，如此才能够直面问题、改善问题、解决问题。

许多年轻人都期待着每天能发生一些不寻常的事情，因为他们认为这能给他们带来展示自己的机会。但是他们却并没有意识到，通向成功大门的钥匙就藏在每天简单而平常的学习生活中。他们每天的学习表现、每一次解决问题的结果都会影响自己通向成功的大门是紧闭还是打开。而解决问题的钥匙则藏在我们认清自己、找到自己的问题，并不断改善和解决的过程之中。这就是我们永远将自己看作问题的根源的意义之所在。

西点军校的学员在毕业典礼上

送给男孩的第四份礼物：
宽容谦虚的风度

☺ 相信自己　宽容待人　谦虚做事

☺ 胸襟的广阔决定处世的高度

☺ 谦虚的态度打开宽广的视野

☺ 良好的礼仪助你拥有谦虚的风度

☺ 谦虚的风度首推学无止境的境界

相信自己
宽容待人　谦虚做事

每一位能够进入西点军校并且顺利毕业的学员都是百里挑一的天之骄子,他们通常对自己具有强烈的信心。西点军校鼓励学生相信自己,但同时又要求学生具有一切从零开始的心态,并且懂得宽容待人,低调行事。

一旦进入西点军校,无论条件有多优越的学生,都不可能获得偏袒。在西点军校,你和班级内的每个同学都是相同的。过去的卓越在这里都只代表着过去。西点军校还会在入校前给父母邮寄信件,让他们清楚自己的孩子在西点军校将会受到严格的训练,必须懂得迎接挑战,如果没有这样的思想准备,不如放弃西点军校。

西点军校1987年毕业生,FreeMarkets公司的高级副总裁戴夫·麦考梅克回忆他刚进西点时的情景说:"西点军校是特别能打消傲气的地方。我来自一个小镇,在那里,我是优等生,而且还是一个运动队的头。我来到西点后发现,我的同学中60%是运动队的头,20%是所在中学的尖子。今天你还是一个地方的明星,明天你就只是数千强者中微不足道的一个。"

不管新学员的社会经历,不管是什么背景的学员,即便是总统的儿子,陆军部长的儿子,只要一进西点就一律平等,就得一样进"兽

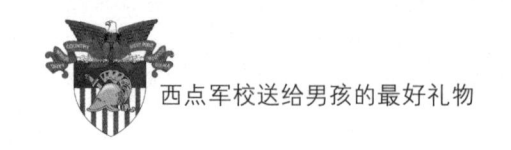

营"，一样训练，一样学习，吃穿住行完全一致，任何特权都必须放弃。新学员受训没有一切个人的特殊物品（包括最基本的财物），日程安排得满满的，让学员只有时间去执行命令而没有时间去思考。

在这里，每个人都没有过去，曾经的荣誉、家世和背景都不值一提，一切都将从零开始，每个人在这里都没有特权可言。任何长官的命令你都必须服从。

曾经有军官总结道："**西点希望学生能够被打磨得为人有信心、对他人宽容、做事态度谦虚，能够成为一名最棒的将军，同时也是谦谦君子。**"自信、宽容、谦虚，看似有些矛盾，但组合在一起却势必能够打造一位男孩成为风度翩翩的绅士。

首先，就让我们来看看自信的力量。

美国南北战争时，北方比南方具有更大的人力物力的优势。然而北方的战线一度拉得很长，迟迟无法攻克里士满。尽管林肯走马灯似地换将，但是没有人能够从容地挑战南军北弗吉尼亚军团的统帅罗伯特·李将军。

李将军是那一代美国军人心中的偶像，他1828年毕业于西点军校，1852年至1855年担任西点军校校长。内战开始之前，李将军就是林肯心中战区司令的第一人选，可惜因为李将军的个人背景情况，他拒绝了林肯的邀约，而是选择了成为南军主将。

林肯手下的将军们如果听说对手是李将军，气势就先矮了一截，因此久久无法攻克里士满。林肯在北军之中观察了很久，最后选中了里塞斯·格兰特将军。

林肯问格兰特："将军，你能不能攻克里士满？"

格兰特低头沉默了片刻，想到了自己曾经见到过的罗伯特·李将军，举止文雅风度翩翩，那是自己1843年从西点军校毕业之前最崇拜的师兄，是自己毕业之后最著名的西点校长……

然而格兰特最终微微一笑,抬起头坚定地回答道:"总统先生,给我军队,我就能攻克里士满。"林肯从格兰特眼中看到了自信,授予他前所未有的权限。格兰特也不负众望,仅仅用了一年多的时间就成功击败了南部联军。

美国南北战争的南北主将皆为西点军校毕业生,罗伯特·李和里塞斯·格兰特都是名垂青史的将领,而格兰特更是凭借着强大的信心后来居上,并于1869年至1877年期间连任两届美国总统。

有一句谚语是这么说的:"怀疑自己是走向失败的第一步。"如果我们有可能获得成功,就要去努力争取。不要怀疑自己,不要顾虑重重,不要刻意为自己营造不利的气氛,不要在一开始就说自己不可能成功,而在真的失败时用"我早知道不会成功"来安慰自己。

男孩们,你们在学习上是否常常遇到难题却没有耐心去攻克?是否学得不好就担心被人认定"不是读书的料"?要知道,如果你自己都没有信心,那么别人就更难对你产生信心。学习的方法并没有固定的模式,或许你可以调整目标和方法重新建立自信心。

要努力改变对自己心存怀疑的想法,只要改变了一种想法,内心的感觉就会瞬间发生转变。缺乏信心让人们畏首畏尾,自信却可以使人们昂首挺胸。**弥尔顿曾经说过:"只有对自己抱着客观、公正、真诚的自信,我们才能完成有价值的事业,才会赢得他人的掌声。"**

被公认为美国历史上最伟大的总统——林肯,在当选那一刻,整个参议院的议员都感到尴尬。因为当时美国的参议员大部分出身名门望族,都是上流社会的人,从未料到要面对的总统是一个出身卑微的人——因为林肯的父亲是个鞋匠。

于是,当林肯第一次在参议院演说时,就有参议员打算羞辱他。当林肯站在演讲台上的时候,有一位态度傲慢的参议员站起来说:"林

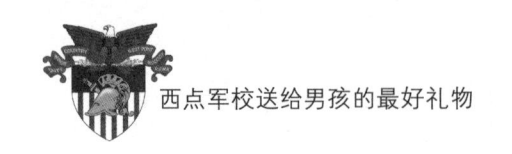

肯先生，在你开始演讲之前，我希望你记住，你是一个鞋匠的儿子。"所有的参议员都大笑起来，为自己虽然不能打败林肯却能羞辱他而开怀不已。

等到大家的笑声停止后，林肯不亢不卑地说："我非常感激你！使我想起我已经过世的父亲，我一定会永远记住你的忠告，我永远是鞋匠的儿子！我知道我做总统永远无法像我父亲做鞋匠做得那么好。"

参议院立刻陷入一片静默之中。林肯转头对那个傲慢的参议员说："就我所知，我父亲以前也曾为你及你的家人做过鞋子，如果你的鞋子不合脚，我可以帮你修正它，虽然我不是伟大的鞋匠，但是我从小就跟父亲学会了做鞋子这门手艺。"然后他用温和的目光扫视着全场所有的参议员："对参议院里的任何人都一样，如果你们穿的那双鞋是我父亲做的，而它们需要修理或改善，我一定尽可能帮忙。但是有一件事是可以确定的，我无法像他那么伟大，他的手艺是无人能比的。"说到这里，林肯流下了眼泪，顿时全场爆发出了雷鸣般的掌声。

男孩们，如果你总是觉得其他同学家里条件更好，老师给予了更多关注，或是抱怨父母不能够给予你有力的帮助，甚至有时埋怨父母太过普通，就请看看林肯总统当时如何做的吧。

他没有因为自己是一个鞋匠的儿子而感到羞耻，反而认为自己的父亲是一名伟大的鞋匠，认为他的"手艺是无人能比的"。在没有成为总统之前，林肯没有因为自己的出身而放弃为自己的目标而努力；在成为总统之后，林肯更没有因为自己的出身而感到低人一等。因为林肯明白，出身并不代表什么，成功更多取决于自己的努力。相信自己能成功，并不断为之努力奋斗，哪怕你是鞋匠的儿子，甚至是乞丐的儿子，你都会有机会成功。

我们经常会听到一些人这样自怨自艾："我真笨""为什么我什么也做不好"之类的话。但是请你一定明白，如果你继续这样自怨自艾下去,那成功将必然永远与你无缘。因为当一个人对自己的力量也没有信心的时候,他又怎么可能获得成功呢?一定要相信自己,相信"天生我材必有用",勇敢地表达、表现自己,才有机会变得成功。

20世纪上半叶最具信心、最出色的演说家之一的萧伯纳,在年轻时却是一个非常胆怯而总是怀疑自己的人。他常常在门口徘徊20分钟甚至更久,才能壮起胆子去敲别人家的门。

但是萧伯纳很快就意识到自己应该克服那种单纯的胆小,他渴望摆脱因为缺乏自信而带来的痛苦。同时,他也觉得自己能够克服这一弱点,于是就加入了一个辩论学会,想要把自己的弱点变成优势。后来,伦敦一有公众讨论形式的聚会他就会去参加。他全身心地投入社会运动,四处进行讲演,最终变自卑为自信,克服了自己最大的弱点,获得了成功,从一个连敲别人家门都害怕的人变成了出色的演说家。

自信心是一个人最宝贵的东西之一,只有先自信,才能博得别人的信任。那些总是自我贬低、自我怀疑的人,往往会不断暗示自己是一个渺小的、不可能获得成功的人,总是对自己的判断力感到怀疑,希望别人来替自己决定,这样的人不可能得到他人的信任,别人也会因为你不经意表现出的不自信而影响他们对你的判断,认为你就不是成功者的料。换句话来说就算别人能够相信你,但是你却不能相信自己,那别人的信任对你的成功也没有多大的帮助。所以,要想获得成功,必须戒除自我贬低的毛病,从自我怀疑转变到自信,这样才能毫无畏惧地面对困难,最终获得成功。

那些总是说自己"天生就是个失败者"或是"失败是命运的安排,是注定的"人也是永远不会成功的。因为你把信心都给了别人,而没有留给自己;你把失败归结于命运或是上帝,而没有从自身找原因。

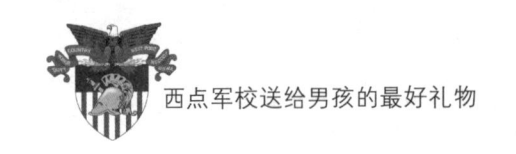

只有多给自己一些信心和肯定，你发挥的潜力才能越大，你离成功也就更近。而所谓的命运或许存在，但是一定要坚信——我们就是自己命运的主人，命运掌握在我们自己的手里。

爱迪生是大家非常熟悉的伟大科学家，他为人类带来了光明，他的发明至今仍然影响着我们的生活。但是你知道他曾经被小学老师宣判为低能儿吗？

年幼的爱迪生受到这样的沉重打击，深深影响他今后的人生。他因为在学校无法学习而被学校开除学籍，只能回到家自学以及接受母亲的家庭教育。但是爱迪生没有因为老师的"权威宣判"就放弃了自己，认为自己"反正就这样了"，相反，爱迪生因为肯定了自己的能力，不相信自己是个低能儿，而拥有了更加旺盛的求知欲和刻苦努力的斗志，燃起了迈向成功的希望。他努力扩大自己探索宇宙知识的空间领域，不断观察别人的专业技能并运用在自己的工作上，充分发挥自己的潜力。最终，这个曾经被宣判为低能儿的爱迪生成为了伟大的发明家，并用发明改变了人类的生活。

人的价值是由自己决定的，而每个人的命运也是由自己掌握的。是陋石还是宝石，要看自己的态度。但丁曾预言自己在文学史上的名声，华兹华斯对自己在英国文学史上的地位从不讳言，曾出任美国副总统的约翰·卡尔霍恩早在耶鲁大学读书时就对周遭嘲笑他的同学说他"三年内一定成为国会议员"。这些在别人看来极其狂妄的言论，其实都是在付出努力取得成功的同时表现出的强烈自信心。

男孩们，人们有些时候难免会有一些挫败感，或许是因为对某件事情的结果感到沮丧，比如这次考试的成绩不尽如人意；也有些时候可能是来自权威人士的消极评价，比如老师说"你没什么指望"。挫败感可以转变为愈挫愈勇的勇气，也可以演变为一种自卑感，只看你们的内心是否强大。

我们无法保证每一次的努力都有成果，我们所能做的只是一天一小步不断向前走。我们无法控制别人对自己的评论，我们所能做的只是向那些低估我们的人证明他们是错的。

男孩们，跟自卑说再见吧，因为那会让自己陷入失败的泥沼，任何时候都只会对自己说"我不行"，只会列举曾经的各种失败来印证自己注定失败，于是永远和成功擦肩而过。

1951年，英国有一位名叫弗兰克林的人，从自己拍得极好的DNA（脱氧核糖核酸）的X射线衍射照片上发现了DNA的螺旋结构之后，他就这一发现做了一次演讲。

然而由于生性自卑，他怀疑自己的假说是错误的，因而放弃了这一假说。

1953年在弗兰克林之后，科学家沃林和克里克，也从照片上发现了DNA的分子结构，提出了DNA双螺旋结构的假说，从而在生物时代上记录了关键性的一笔。沃林和克里克也因此获得了1962年度的诺贝尔医学奖。而弗兰克林却与这些成就失之交臂。

可想而知，如果不是弗兰克林的自卑心理，如果他不对自己产生怀疑，如果他能够坚信自己的假说并进一步深入研究，这个伟大的发现将会以谁的名字载入史册？

成功学大师安东尼·罗宾认为，"成功者"与"普通者"的性格区别在于：成功者充满自信、洋溢活力；而普通人即使腰缠万贯、富甲一方，内心却往往灰暗而脆弱。

不自信让男孩们不能冷静地分析自己所受的挫折，不能正确地对待自己的过失，不能认真地思考别人对自己的期望，也不能客观地理

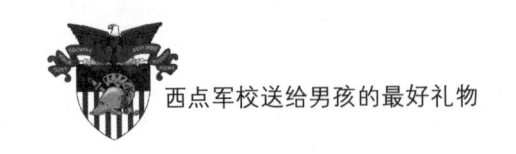

解别人对自己的评价,以致把自己看得一无是处,失去自信心,对那些稍加努力完全能够完成的任务也轻易放弃。

曾经看过一个故事。一个农夫有两个水罐,一个完好无损,一个有一条裂缝。农夫每次挑水,完好的水罐总能把水从远远的小溪运到主人家,而有裂缝的水罐回到主人家时往往只有半罐水。这只有裂缝的水罐感到无比痛苦和自卑。一天,它在小溪边对主人说:"我为自己每次只能运送半罐水而感到惭愧。"这时,农夫却惊讶地说:"难道你没有看见每次回家的路旁那些盛开的鲜花吗?这些花只长在你那一边,而并没有长在另一个水罐那边。如今,这些鲜花已给我们一路上带来了许多美丽的风景!"

无论是贫穷还是富有,无论是貌若天仙,还是相貌平平,只要你昂起头来,快乐会使你变得可爱——人人都喜欢的那种可爱。相反,如果你不自信,对这些缺陷耿耿于怀,那别人也只会注意到你想掩藏的那一面。

每个人都免不了存在缺陷,每个人都有自卑和挫败的情绪,但是千万不要让自卑成为一种习惯。面对失败我们应该难过,但不应该自卑。真正所要做的应当是向前看,将失败和难过化为一种补偿作用,作为个人追求卓越目标的一种助推力。

分析所有最后获得成功的人,他们的成功都与自信密不可分。因为,一旦你认为成功是高不可攀的,那就永远也无法到达成功的顶峰。所以开始做事之前,必须有充分的自信,并且在任何环境下都坚信自己一定能成功。如果没有现成的路,也要走出一条路来,这样,才可能获得成功。

他是英国一位年轻的建筑设计师,很幸运地被邀请参加了温泽市政府大厅的设计。他运用工程力学的知识,根据自己的经验,很巧妙地设计了只用一根柱子支撑大厅天顶的方案。

送给男孩的第四份礼物：宽容谦虚的风度

一年后，市政府请权威人士进行验收时，对他设计的一根支柱提出了异议。他们认为，用一根柱子支撑天花板太危险了，要求他再多加几根柱子。

年轻的设计师十分自信，他说："只要用一根柱子便足以保证大厅的稳固。"他详细地通过计算和列举相关实例加以说明，拒绝了工程验收专家们的建议。

他的固执惹恼了市政官员，年轻的设计师险些因此被送上法庭。

在万不得已的情况下，他只好在大厅四周增加了4根柱子。不过，这四根柱子全都没有接触天花板，其间相隔了无法察觉的两毫米。

时光如梭，岁月更迭，一晃就是300年。

300年的时间里，市政官员换了一批又一批，市府大厅坚固如初。直到20世纪后期，市政府准备修缮大厅的天顶时，才发现了这个秘密。

消息传出，世界各国的建筑师和游客慕名前来，观赏这几根神奇的柱子，并把这个市政大厅称作"嘲笑无知的建筑"。最为人们称奇的，是这位建筑师当年刻在中央圆柱顶端的一行字：

自信和真理只需要一根支柱。

这位年轻的设计师就是克里斯托·莱伊恩，一个很陌生的名字。今天，能够找到有关他的资料实在微乎其微了，但在仅存的一点资料中，记录了他当时说过的一句话："我很自信。至少100年后，当你们面对这根柱子时，只能哑口无言，甚至瞠目结舌。我要说明的是，你们看到的不是什么奇迹，而是我对自信的一点坚持。"

找到真实的自己，而不是在他人面前迷失真正的自己；超越自卑，而不是让自卑的泥沼毁了你的每件事和生活。

一个不自信的人往往过低地评价自己的能力，使自己成为自卑的俘虏。男孩们，你们应该是强者的代名词，如果你也常常有不自信的

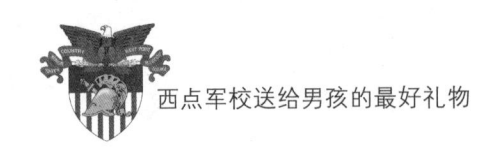

习惯,那么尝试做自己最擅长的事,从中找到自信的支点,撑起自信的支柱,它将带给生活另一片天。

相信自己、宽容待人、谦虚做事,这是西点军校对于学生的箴言,也是男孩应该努力的方向。自信心并不代表盲目自大,内心强大的人才更加懂得自己需要广阔的胸襟和谦虚的态度,因为胸襟的广阔往往决定了处世的高度。

西点军校的灯塔

胸襟的广阔
决定处世的高度

西点军校虽然是一所培养军事力量的学校,但却教导学生:征服人心并不是依靠武力,而是依靠爱和宽容。西点信奉这样的格言:**天空收容每一片云彩,不论美丑,故天空广阔无比。做人也是一样,胸襟广阔,才拥有更高的风度和境界。**

在前文中,我们曾经讲述过一个有关罗伯特·李将军和里塞斯·格兰特将军之间的故事。格兰特作为后辈却有着信心打败偶像一般存在的李将军,成就一番事业。事实上,在李将军战败后率领南军投降时,两人之间还有一段非常精彩的故事,两个名将之间一笑泯恩仇,因为彼此都拥有广阔的胸襟而能够友好相处。

1865年4月,罗伯特·李将军和里塞斯·格兰特将军约定在弗吉尼亚州拓克斯镇会面,商议李将军麾下2.8万军人投降的条件。在此之前,格兰特已经和林肯有着共识,他们将以宽容的心态接受对方的投降,将尽可能给予很好的条件来使得美国尽快从战火中平息下来。

李将军准时到达了指定的地方,南军的战败让他颇有沧桑之感,但是他仍然保持着干净整洁的仪表、无可挑剔的风度,就如同往常一样。格兰特恭敬可亲地将投降条件文件交给李将军。

李将军看完之后说道:"感谢你们的宽容和大度,我可以再提一个要求吗?"

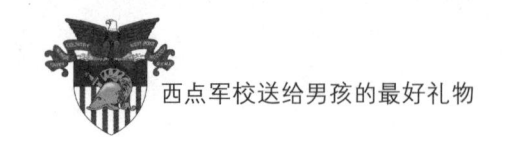

格兰特将军回答道:"如果我能办到将不胜荣幸。"

李将军继续说道:"感谢你们非常大度地让我的军官保有马匹,我希望骑兵们也能保留他们的马匹。将来他们生活或许会非常需要这些马匹。"

格兰特非常敬佩李将军关键时刻保护下属的责任感,更钦佩他并没有将战败的责任推给下属,而是宽容对待他们并一力承担困难,根据格兰特和林肯的约定,这件事情在格兰特可以决定的范围之内,于是他回答:"我理解。作为骑兵将来很可能还会需要马匹谋生,当然应该留给他们。"

于是,两位名将就这样握手言和。在后来的岁月中,两人多次在公开场合赞美对方,并共同投身到美国重建的事业中去。

大海因为能容,所以百纳其川。贤士懂得接纳,才会广纳忠言,不断进取。

毕业于剑桥大学的前英国首相鲍尔温对于宽容作了如下的评点:这是一种伟大的品格,是人生的桂冠和荣耀。它是一个人高贵的财产,它构成了人的地位和身份本身。

林肯被选举为美国总统之后,任命了一个强有力的政敌担任要职,他的幕僚都非常不理解。但林肯只是笑了笑答道:"把敌人变成朋友,既消灭了敌人,还多了一个朋友,何乐而不为?"这就是林肯的胸襟和智慧。胸襟的宽广决定了他处世的高度,没有这份胸襟和气度,林肯又怎么可能从贵族林立的政客中杀出重围成为美国最著名的总统呢?

胸襟广阔,代表你能够站在别人的角度思考问题,代表你能够从善如流合理采纳他人的建议,代表你能够用一种成熟有高度的方式处世。

男孩们,如果有朋友无意给你带来了麻烦,或是因为一时情绪不佳对你言语失敬，你是愤怒还击还是宽容以待呢？有一句名言说得好："有时宽容引起的道德震动比惩罚更强烈。"

人与人的相处总会存在大大小小的摩擦，这就需要我们每个人有所听，有所不听，当人家对你表示关爱时，请你洗耳恭听；相反，当他们正在情绪之中，那时他们的言语并非他们心中的本意，你又何必要听进去呢？

西点军校毕业生马克斯维尔将军曾经说过："在生活中，我们要克服来自生活本身的阻力，也要能够容忍他人偶尔不友好的态度。"多一点宽容，在接纳身边朋友优点的同时，也接纳他们的缺点；在接纳对己赞美的同时，也接纳对己的忠言。愿宽容成为我们交往过程中的磁场，使我们在与人相处中变得更加具有凝聚力和感召力。

本杰明·富兰克林曾经获得的杰出成就和他的胸襟与气度密不可分。

富兰克林出生于一个铁匠家庭，12岁时就到费城打工。费城一个阴险狡诈的印刷厂厂长雇用了他。当时富兰克林已经是个熟练的机器操作员，并且拥有家传的制作字模的方法。但他并没有藏着自己的本事，而是对一些薪水低廉的操作工人倾囊相授。

厂长眼看廉价劳工已经学会富兰克林的技术，就开始无缘无故找富兰克林的麻烦甚至克扣他的工资。当富兰克林发现他的阴谋时，对他说："行了，不用绕弯子了，我会主动离开这里。而且你可以放心，在我最后工作的几天中，我仍然会把技术传授给那些工人，这样的话，如果将来他们被你开除，还可以凭手艺找到一份好工作。"

后来，在富兰克林发展的道路上，那些他曾经无私帮助过的人都给予了他莫大的支持。他在二十几岁时正是依靠朋友合办了一个印刷厂而起家。富兰克林是美国历史上著名的科学家、文学家、音乐家和政治家，迄今为止，百元美钞的头像仍然是本杰明·富兰克林。

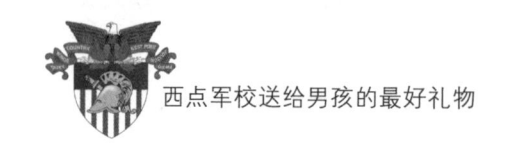

如果富兰克林从未真心实意帮助过那些工人，后来他难以获得如此之多的助力。如果当时富兰克林因为那个印刷厂厂长而愤世嫉俗，从此变得与人斤斤计较，甚至被仇恨所左右，那么他不可能拥有后来的成就。宽容就是有这样的力量，能够让你少一份阻力，多一个成功的机会。

当然宽容也是有限度的，那是明辨是非之后的一种胸襟和态度，而不是对于得寸进尺之人的纵容与怯懦。真正的宽容是对异己的包容，对陌生的欢迎，和对不如己者的体谅。真正的胸襟是一种用天下之才，尽天下之利的气度。这样才能获得更多的朋友，成就更高的事业。

西点军校名将、美国南北战争
南部联盟总司令罗伯特·李将军

谦虚的态度 打开宽广的视野

在前文中我们曾经提到,在西点军校,有四种回答军官或高年级学员问题的标准答案,"报告长官,我不知道"就是其中之一。

西点并不认为告诉别人"我不知道"是错误的或是可耻的,相反,所有的西点人都认为在事实情况下回答"我不知道"是一种诚实的表现,是维护自身荣誉与原则的表现,是有责任感的表现,更是一种谦虚的态度。

"我不知道"比不负责任地寻找借口,或是盲目骄傲自大要好上许多。与其绞尽脑汁寻找借口来掩饰自己的无知,或是刚愎自用认为自己什么都懂,倒不如态度恭敬地回答一句"我不知道"。

有了错误并不可怕,可怕的是不去改正错误;遭遇失败并不可怕,可怕的是在失败之后不能总结经验再站起来;遇到问题回答"我不知道"也并不可怕,可怕的是不懂装懂,不了解自己的无知。

西点军校是在1802年由当时的美国第三届总统托马斯·杰弗逊签署法令成立的,由此开始了它的历程。杰弗逊总统以其谦逊的风度和好学的精神而被美国人所牢记。在他那个时代,他几乎像是无所不知的存在,他精通农业、考古和医学,他所发明的小器械为人们带来了便利,而他渊博的知识则来自他永远不自满的态度。

杰弗逊出生于美国贵族家庭,他的父亲是军队上将,母亲是名门

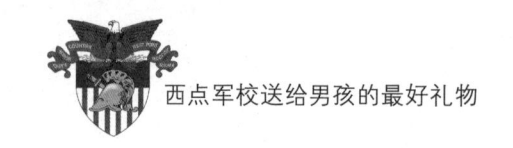

之后。当时的贵族很少和平民来往，但是杰弗逊却并没有秉承这些贵族恶习，而是常常谦虚地向平民讨教各种知识，无论是园丁、仆人、农民或是工人，他都乐于从他们身上汲取有用的知识。

杰弗逊仪表堂堂，风度翩翩，对数学、农艺和建筑学都有颇深的造诣，他自行设计的府邸迄今都是经典建筑，能够拉得一手漂亮的小提琴，他的谦虚风度让他在社交界非常受欢迎。

他还劝说法国政治家拉法耶特："你应该像我一样去老百姓家里多走走。看看他们吃什么，喝什么，尝一口他们的面包，喝一口他们的水。如果你真的这样做了，就会明白他们不满的原因，也会因此懂得正在酝酿的法国革命的意义所在了。"

一位熟悉杰弗逊的作家曾经这样写道：

"杰弗逊看上去不像总统，更像是一位谦虚的哲学家。在他参加宣誓就任总统的典礼时，是独自一人骑马而来，然后自己把马拴在栏杆上，步行去参加典礼，为人谦虚行事低调。"

杰弗逊的著作有50多卷，现已全部出版。1776年，他所起草的《独立宣言》让千万人为之振奋。

杰弗逊曾经说过："每个人都是你的老师。"他用自己渊博的知识和谦虚的态度征服了美国民众的心，成为美国历史上著名的总统。**而古希腊著名哲学家苏格拉底同样非常谦虚，在人们赞叹他渊博的学识时，总是回答："我唯一知道的就是我自己的无知。"**

麦克阿瑟将军曾经说过："为了更上一层楼，有时你不仅需要助手，还需要对手。"事实确实如此，如果对人对事有着谦虚的态度，有时候还需要去主动找对手。

海湾战争之后，美国陆军陆续开始使用一种M1A2型坦克，这种类型的坦克具有当时世界上最强的防护装甲，而M1A2的研制者乔治中校则是美国陆军最优秀的坦克防护专家之一。

此前乔治中校为了研究最优秀的坦克防护装甲，请来了麻省理工学院最优秀的破坏力专家工程师迈克共同组建研究小组，两人态度谦虚不断切磋，一个负责防护装甲，另一个则负责摧毁装甲。当时最坚固的坦克就在这种"防护与破坏"周而复始的过程中诞生了。也因此两人共同获得了美国政府的勋章。

如果乔治和迈克不具备谦虚的态度，那么就无法在不断切磋的氛围中产生成果。一个真正成功的人，一个真正超越他人的人，往往是一个谦逊的人。不是因为他逊色于别人，而恰恰是因为他优秀，他明白"人外有人"的道理，就如同任何一门学问都是无穷无尽的海洋，都是无边无际的天空一样，明白越多，也越是了解自己的不足。只有那些什么都只懂得一些，却又不甚精通的人才会处处炫耀自己。

爱因斯坦是20世纪最伟大的科学家之一，他的相对论以及他在物理学其他方面的研究成果，留给我们的是一笔取之不尽、用之不竭的财富。然而，就是他这样一个人，还是在有生之年中不断地学习、研究，活到老，学到老。

有人问爱因斯坦，说："您老可谓是物理学界的空前绝后了，何必还要孜孜不倦地学习呢？何不舒舒服服地休息呢？"

爱因斯坦并没有立即回答他这个问题，而是找来一支笔、一张纸，在纸上画上一个大圆和一个小圆，对那位年轻人说："在目前情况下，在物理学这个领域可能是我比你懂得略多一些。正如你所知的是这个小圆，我所知的是这个大圆，然而整个物理学知识是无边无际的。对于小圆，它的周长小，即与未知领域的接触面小，它感受到自己未知的少；而大圆与外界接触的周长长得多，所以更感到自己未知的东西多，会更加努力地去探索。"

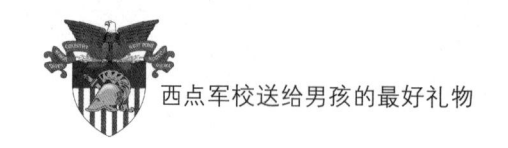

没有一个人能够有骄傲的资本,因为任何一个人,即使他在某一方面的造诣很深,也不能够说他已经彻底精通了。所以,谁也不能够认为自己已经达到最高境界而停步不前、趾高气扬。如果那样,则必将很快被同行赶上,很快被后人超过。

西点军校为了培养学生谦虚的态度,要求所有学员必须以上司为榜样。著名的巴顿将军就曾经被布拉德利将军这样评价:"他总是乐于并且全力支持上级的计划,而不管他自己对这些计划的看法如何。"

西点的学员对上司怎么评价自己,虽然关心但是绝对不会太在意,他们会一如既往地做好自己的本职工作,并且对上司指出了自己的不完善之处而充满感激。

"以上司为榜样"同样适用于男孩们,你们也需要以老师的特长为榜样,以同学的优点为榜样,以知名人物的正面意义为榜样。

骄傲就如同一位殷勤的"向导",专门把无知与浅薄的人带进满足与狂妄的大门。一个人,一旦有了满足和狂妄,往往便无法再向前了,相反,一个真正的成功者永远明白自己的不足,正是这些不足敦促着他们向更高的目标前进。

富兰克林年轻时就是个才华横溢的人,但同时他也很骄傲轻狂。对此,他浑然不知。

有一天,富兰克林到一位老前辈家去拜访,当他准备从小门进入时,因为门框低了一些,他高昂着的头被狠狠地撞了一下。这时,出门迎接的老前辈告诉富兰克林:"很痛吧?可是,这将是你今天来这里的最大收获。如果你想实现自己的理想,就必须时时记得低头。"

富兰克林猛然醒悟,也发觉自己正面临失败和社交悲剧的命运。从此他改掉了骄傲的毛病,决心做一个谦逊的人。也就是因为具有这一美德,他得到了人们的广泛支持,在事业上取得了巨大成功,成为美国开国元勋之一。

越是真诚而谦逊的人,越容易获得他人的好感,得到他人的助力,同时别人也越能看到他的优点;相反,越是骄傲自满的人,自视清高、了不起,往往只会获得别人的厌恶,让人只是关注到他的缺点。

美国石油大王洛克菲勒就说:"当我从事的石油事业蒸蒸日上时,我晚上睡前总会拍拍自己的额头,告诫自己如今的成就还是微乎其微!以后路途仍多险阻,若稍一失足,就会前功尽弃,切勿让自满的意念侵吞你的脑袋,当心!当心!"

同样,即使是比尔·盖茨这样的世界级首富,也是一个十分谦虚的人。很多年前,当 Windows 还不存在时,他去请一位软件高手加盟微软,那位高手一直不予理睬。最后禁不住比尔·盖茨的请求,才同意见上一面,但是一见面,这位高手就劈头盖脸讥笑说:"我从没见过比微软做得更烂的操作系统。"但比尔·盖茨没有丝毫的恼怒,反而诚恳地说:"正是因为我们做得不好,才请您加盟。"那位高手愣住了。比尔·盖茨用他谦虚的精神把高手拉进了微软的阵营,后来这位高手成为开发 Windows 的负责人,终于开发出了世界兼容性最强的操作系统。

越是有涵养、稳重的成功人士,态度越谦虚,相反,只有那些浅薄地自以为有所成就的人才会骄傲。

盲目骄傲自大的人就像井底之蛙,视野狭窄,自以为是,严重阻碍了自己继续前进的步伐。傲慢者可能有一点小才,但他井蛙窥天般的狭窄视线会使他忽视不断进取的重要性,也使得他无法领会"不进则退"的内涵,逐渐变得无知,然后因无知而变得愚蠢,因愚蠢而变得更加傲慢,逐渐在一个恶性的循环中来回往复,最终贻误了自己。

所以,切勿让骄傲支配了你们。由于骄傲,人们会拒绝有益的劝告和友好的帮助,会失去判断事物的客观标准。

打开自己的心胸,善于接纳更多的信息,善于宽容和尊重暂时比不上自己的人,以人之长,补己之短;有则改之,无则加勉,彻底将傲慢的不良习性抛之脑后,同时也不断地提升自我、完善自我。

良好的礼仪助你拥有谦虚的风度

仪表整洁、举止优雅的人即使离开了金钱,在陌生的环境中也能成功,秘密就在于他们拥有世界各地最受欢迎的"通行证"——礼貌。良好的礼仪能够帮助你拥有谦谦君子的绅士风度。

礼貌和仪表是一个人给人的最直接的印象,往往决定了第一次交往是否顺利以及是否有可能继续交往。西点军校深知"礼貌"在人与人之间的重要性,所以在日常的举止上,十分注重学员谦逊的品格及优雅的举止的培养。

西点军校要求新学员对包括学长在内的人敬礼,称呼"长官""您",入学之初,新学员就必须学会尊重和谦虚。另外,西点还要求每个新学员记住1 400名其他新学员的名字,实际上一年后,新学员一般都能记住4 000名学员的名字和基本情况,因为西点认为记住对方的名字是有礼貌的表现。

这样的训练不仅使西点的学员拥有良好的礼仪和谦虚的风度,更使西点的学员在离开西点走上社会都成为受人欢迎的人。

许多男孩对一些基本礼仪观念淡漠,认为这些都是小事情,做与不做没什么区别,于是慢慢由最初的忽视变成了一种习惯性的忽略。殊不知,礼仪是礼貌和仪表的总和,是一个人更大程度教养的体现,它决定了一个人给人的基本印象,也决定了一个人、一件事的成功与否。一旦养成忽略基本礼仪的坏习惯,那无疑就等于给自己的成功系数减去不小的分数,让他人对你的印象大打折扣。

从前有个年轻人骑马赶路,到了黄昏还没有找到住处,心里很着急。忽然,他看见远处一位老农,便高声喊:"老头子,这儿离旅店还有多远?"老人回答:"五里!"年轻人扬鞭策马跑了十多里路,仍不见人烟。

他自言自语道:老头子骗人,五里!什么五里?他猛然醒悟过来,这"五里"不是"无礼"的谐音吗?问路不讲礼貌,怎么能得到正确答复呢?于是,他掉转马头往回赶,见那位老农还在那里,他急忙翻身下马,恭敬地叫了一声:"老大爷!"

老农说:"你已经错过了时间,如不嫌弃,可到我家一住。"

年轻人问路称呼老人不用敬语"老大爷",说话、待人粗鲁,其结果是"不施一礼,多跑十里"。

或许一般情况下的人与人交往并不需要过多的繁文缛节,但是基本的礼仪却是我们不可或缺的。基本的礼仪让他人感受到你对他的尊重,在你需要帮助的时候,对你伸出援助之手,相反,如果一个毫无礼貌的人来向你寻求帮助,你是否感到乐意呢?

在日常生活中,说一句简单的"谢谢",对任何一位服务人员都给以友好的称赞,即使服务是有偿的;由于你给他人带来了不便和打扰,真诚地说一声"对不起";设身处地站在别人的立场来看待问题,考虑别人的感受;耐心倾听别人的谈话,对他人的谈话内容表现出兴趣,这些都是我们通常所说的礼貌,都是我们应该做到的。

爱默生说:"美好的行为比美好的外表更有力量。美好的行为,比形象和外貌更能带给人快乐。这是一种精美的人生艺术。" 对所有的人都以礼相待,尊重每一个人,这样的人才能受欢迎,人们才愿意与你交往。

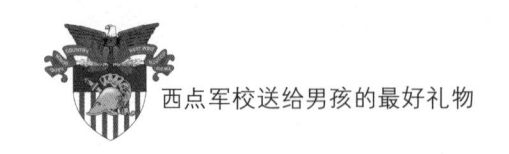

上天也同样赋予每个人讲礼貌、给他人尊重和快乐的能力,这很大程度上依赖于年轻时接受的训练。所以西点对于学员的礼貌和仪表训练丝毫不放松,鼓励学员通过自己的人格和礼貌赢取良好的人际关系。

此外,作为基本的礼貌,西点军校也十分注重学员的军容风纪,对仪表、着装有着严格的要求。良好的仪表与良好的教养有着紧密的关系,保持良好的仪表也是十分重要的。一个容忍自己仪表邋遢的人是不可能受人欢迎的。每个西点毕业的学员都明白:衣服不需要昂贵,但要整洁合身,符合场合。

整洁的仪表有利于个人自身的发展。很多大企业对着装和仪表有严格的要求,因为员工的仪表往往也就代表了企业的形象。一个仪表邋遢的人会让人产生不信任感,试想一个连自己的仪表都不能妥善打理的人又怎么能很好地完成别人交付的工作呢?

曾担任全纽约铁路委员会主席的霍伯特·乌里兰在一个有关如何获得成功的讲演中,这样说:"衣服不能决定一个人的命运,但是好的着装确实给很多人带来了工作机会。如果你手里有25美元,你希望找一份工作,那么,我建议你花20美元买一套衣服,花4美元买一双鞋,剩下的钱用来刮脸、理发和清洗衣领,然后你就可以去应聘了。我想这要比你留着25美元,却又着装褴褛要好得多。"

衣着干净整齐,头发、指甲等细微的地方也修理干净,这样能给人很有精神的感觉,才能受人欢迎,获得成功的机会自然也就更大。谨慎自己的言行,让整洁的仪表和礼貌的举止帮助自己建立良好的人际关系,叩开成功的大门。

一个阴云密布的午后,大雨突然间倾泻而下,一位浑身湿淋淋的老妇,走进费城百货商店。看着她狼狈的样子和简朴的衣裙,所有的售货员都对她不理不睬。

只有一位年轻人走上前去,热情而友善地对她说:"夫人,我能为您做点什么吗?"

老妇莞尔一笑:"不用了,我在这儿躲会儿雨,马上就走。"

但是,她的脸上明显露出不安的神色,因为雨水不断从她的脚边淌到门口的地毯上。

正当她无所适从时,那个小伙子又走过来了,他礼貌地说:"夫人,您一定有点累,我给您搬一把椅子放在门口,您坐着休息一会吧!"两个小时后,雨过天晴,老妇人向那个年轻人道了谢,并向他要了一张名片,然后就消失在人流里。

几个月后,费城百货公司的总经理詹姆斯收到一封信,信中指名要求这位年轻人前往苏格兰,收取一份装潢材料订单,并让他负责几个家族公司下一季度办公用品的供应。詹姆斯震惊不已,匆匆一算,只这一封信带来的利益,就相当于他们两年的利润总和。

当他以最快的速度与写信人取得联系后,方知她正是美国亿万富翁"钢铁大王"卡耐基的母亲——就是几月前曾在费城百货商店躲雨的那位老太太。

詹姆斯马上把这位叫菲利的年轻人推荐到公司董事会,当菲利收拾好行李准备去苏格兰时,他已经是这家百货公司的合伙人了。那年,菲利22岁。

不久,菲利应邀加盟到卡耐基的麾下。随后的几年中,他以一贯的踏实和诚恳,成为"钢铁大王"卡耐基的左膀右臂,在事业上扶摇直上,飞黄腾达,成为美国钢铁业仅次于卡耐基的灵魂人物。

而这一切都是来自一把椅子的问候,使这位年轻人轻而易举地走向了令人羡慕的成功之路。

良好的礼仪是一个人成功的金钥匙,是获得他人欣赏、尊重和帮助的金钥匙。礼貌往往比其他东西更能弥补一个人生来就有的缺陷。

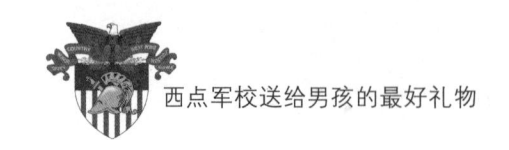

最具有魅力的人，往往是那些最懂得礼貌的人，而不是那些面容最美丽的人。

洛克曾经说过："良好礼仪的功用或目的只在使得那些与我们交谈的人感到安适与满足，没有别的。要能做到通过恰如其分的普通的礼节与尊重，表明你对他人的尊敬、重视与善意。这是一种很高的境界，要能做到这种境地，而又不被人家疑心你谄媚、伪善或卑鄙，是一种很大的技巧。"

生活中的奇迹，原来就发生在你不经意的言行之间，一句亲切的话语，一个友善的致意，一项渺小的援助计划都能让别人体会到你的爱心和真诚。这就是文明礼貌的无穷魅力。

生活里最重要的是有礼貌，它比最高的智慧，比一切学识都重要。礼仪好的人，容易给别人留下一个好印象，也容易成功，并且生活快乐和幸福。美好和光明的生活，永远向重视礼仪且礼仪得当的人敞开大门。

西点军校名将、五星上将：麦克阿瑟

谦虚的风度首推学无止境的境界

西点军校作为一所军事院校,其体能训练和军事理论方面的教育自然为人们所推崇,然而西点在各类文化课程教育上也从未落于人后。

西点军校普遍实行小班教学制,每堂课只有十几到二十几个学生,这在大学教育中是非常少见的。西点军校的图书馆有两百年的历史,藏书多达六十几万册,日常订有1 300多种类型的刊物。由于图书馆的历史源远流长,因此藏书非常有特色,拥有许多历史珍本和美军在世界各地缴获的书籍字画等,并且还有大量珍贵的手稿。

西点的学生必须修完32门核心课程,建起完整而又全面的知识结构,同时西点还提供大量的选修课程,其分支学科之多反映西点学术风气之盛。

一个有着谦虚风度的成功者首推具备一种学无止境的态度和境界。毕业于西点军校的ABC晚间新闻主播彼得·詹宁斯在成功地做了三年新闻主播之后,作出一个非常大胆的决定,他离开了这份人人羡慕光鲜无比的主播职位,而是走到新闻第一线去做一名记者,因为他认为只有第一线的经验才能给他更为扎实的基础。经过几年的磨炼之后,他才重新回到主播台成为一名更有内涵的知名主播。

物品用了会折旧,人才也会因知识的停滞而不断折旧,而终身学习是防止知识折旧的最好办法。中国古语有云:"活到老,学到老";庄

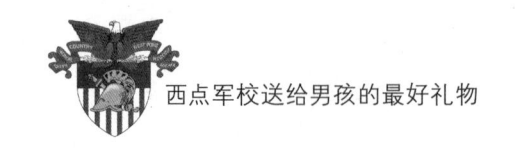

子提到"吾生有崖,学也无崖",这些古老的教育观念放在今日的社会中仍然适用。从中,我们不难发现,当知识经济时代来临时,无论经济、科技还是生活和工作的各个领域,"学习即生存",谁掌握知识,谁就占据主动。

在过去的差不多一个世纪里,全球首富是石油大王、汽车大王、钢铁大王等企业巨子,他们的财富必须通过一生的努力,甚至是几代人的不懈奋斗,才逐渐完成的。他们的财富是建立在数不清的有形原料、产品之上的。但是到了比尔·盖茨的微软公司,没有高大的厂房,没有堆积如山的原料,有的只是知识和智慧,他们的产品就是一张张软盘。这就是知识的力量。

盖茨从小就酷爱读书,7岁时盖茨就开始看《世界图书百科全书》。他经常几个小时地连续阅读这本几乎有他体重1/3的大书,一字一句地从头到尾地看。阅读之余,他常常陷入沉思,冥冥之中似乎强烈地感觉到,小小的文字和巨大的书本,里面藏着多么神奇和魔幻般的一个世界啊!文字的符号竟能把前人和世界各地的人们无数有趣的事情,记录下来,又传播出去。

随着懂得的知识越来越多,小比尔·盖茨想,人类历史将越来越长,那以后的百科全书不就会越来越大、越来越重了吗?于是他又开始在知识中寻找造出一个魔盒的办法,只要小小的一个香烟盒那么大,就能把一大本包罗万象的大百科全书都收进去,那就方便多了。

知识让比尔·盖茨很早就比同龄的孩子成熟。四年级时,他对同学卡尔·爱德说:"与其做一棵草坪里的小草,还不如成为一株耸立于秃丘上的橡树。因为小草千株一律,毫无个性,而橡树则高大挺拔,昂首苍穹。"小小的年纪就如大人般的深思熟虑。他还在一篇日记里写道:"也许,人的生命是一场正在焚烧的'火灾',一个人所能去做的,就是竭尽全力要从这场'火灾'中抢救点什么东西出来。"这种"追赶生命"的意识,在同龄的孩子中是极少有的。

那个关于制造一个魔盒把百科全书装进去的奇思妙想,如今已经被比尔·盖茨实现了,现在我们只要一片比香烟盒子还小的芯片,就能把好几本百科全书的内容全部装进去。

比尔·盖茨说:学习的最大好处不总是在于所记得的内容,而在于它们的启迪,它们对塑造性格的巨大影响。要最大限度地从学习中获益,还必须注重思考。仅仅熟悉一些事实并不等于获得了力量。如果我们用一无是处的知识来填充大脑,无异于一个劲儿地把家具和摆设塞入我们的房子,直到我们自己没有立足之地。

高尔基说过:"人的天才只是火花,要想使它变成熊熊火焰,那就只有学习!学习!"

拿破仑是位军事天才,但他的天才是不断地刻苦求知得来的。他自幼奋发攻读,酷爱军事、历史、地理、天文、数学等知识,无所不学,他对圣经、古兰经等也有兴趣。拿破仑的一生经过大小战役近60次,每次出战他都要带上相当多的图书资料上战场,以备不时之需,被称为随军图书馆。

拿破仑总是利用战争间隙读书,其中还包括《孙子兵法》。他远征埃及时,随身携带的历史著作就达125本。他被誉为"战争之神",与此不无关系。

毕业于牛津大学的19世纪英国首相狄斯累利曾经为牛津大学留下这样一句话:"意识到自己的无知,这是在求知之路上迈出了了不起的一步。"

有一天,苏格拉底的弟子聚在一块儿聊天,一位出身富有的同学,当着所有同学的面,夸耀他家在雅典附近拥有一片广大的田地。

当他吹嘘的时候,一直在旁边不动声色的苏格拉底拿出一张地图

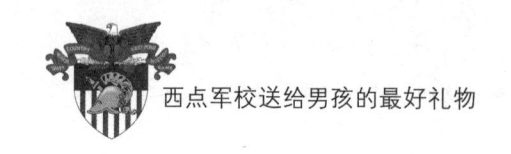

说:"麻烦你指给我看,亚细亚在哪里?"

"这一大片全是。"学生指着地图得意洋洋地说。

"很好!那么,希腊在哪里?"苏格拉底又问。

学生好不容易在地图上找出一小块来,但和亚细亚相比,实在是太微小了。

"雅典在哪儿?"苏格拉底又问。

"雅典,这个更小了,好像是在这儿。"学生指着一个小点说着。

最后,苏格拉底看着他说:"现在,请你指给我看,你那块广大的田地在哪里呢?"

学生满头大汗找不到了,他的田地在地图上连个影子也没有。他很尴尬地回答道:"对不起,我找不到!"

一事无成者往往一无所知。世上的知识远远超出了涉猎者力所能及的范围,在获得知识之前,必须经过一段漫长而艰难的旅途。

面对知识和教授知识的老师,我们都应该时刻怀有一颗谦卑的心,或许那些知识你都已经了解,但是你永远都有未知的世界等待你去探索,在别人的身上你也永远能发现还未掌握的知识。

有这样一句名言:**"我们的知识乃是无知的汪洋大海中的一个小岛。"**一个无知的人总认为天下没什么可学的,因而自认为无所不知,其实却是最大的无知。有知识的人应该把知识当作挂表,把它装入口袋,只能显示,而不能拉出来敲击。

曾经有句谚语这样说:"只有半瓶酒才会发出声响。"一个拥有满腹知识的人永远不会到处夸耀自己的学识与智慧,只有那些对什么事情都是一知半解的人,才会到处炫耀自己的无知。

这是美国东部一某大学期终考试的最后一天。在一座教学楼的台阶上,一群机械专业大四学生聚集在一起,正在讨论几分钟后就要

送给男孩的第四份礼物：宽容谦虚的风度

开始的考试。他们的脸上充满了自信,这是他们在参加毕业典礼和工作之前的最后一次测试。

一些人在谈论他们已经找到的工作;另一些人则在讨论他们想要得到什么样的工作。怀着经过四年大学学习获得的自信,他们感觉自己已经准备好了,并且能够征服整个世界。

即将进行的考试他们知道只是轻而易举的事情,教授说他们可以带需要的教科书、参考书和笔记本,只要求考试时他们不能彼此交头接耳。

他们兴高采烈地走进教室。教授把考卷发下去,学生都喜形于色,因为他们注意到只有五个论述题。

三个小时过去了,教授开始收考卷。学生们似乎不再有信心,他们脸上显露出难以描述的表情。没有一个人说话,教授手里拿着考卷,面对着全班同学。

教授端详着面前学生们忧郁的脸,问道:"有几个人把五个问题全答完了?"

没有人举手。

"那么,有几个答完了四个?"

仍旧没有任何动静。

"三个？或者两个的呢？"

学生们开始坐立不安。

"那么一个呢？一定有人做完了一个吧？"

全班学生仍保持沉默。

教授放下手中的考卷说:"这正是我所预期的效果。不要认为你们已完成了四年机械学科的教育,就无所不能了,其实,仍旧有许多与此相关的问题你们全然不知。"

于是教授带着微笑说下去,"这个科目你们都会及格,但希望你们记住,学无止境,你们在这个大学的教育只是整个人生教育中很小的

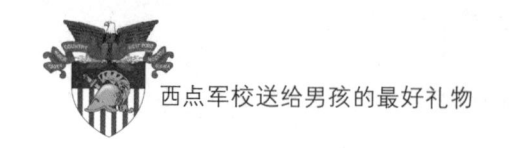

一部分,你们的教育其实只是开了一个头。"

联合国教科文组织向全球民众大声呼吁:"未来社会的文盲不再是不识字的人,而是不会学习的人。"在这种形势下,如果年轻人没有学无止境的态度,就很可能会被社会所淘汰。

男孩们,你们作为学生,要培养谦虚的态度应首推学无止境的境界。"汽车大王"福特在少年时代,曾在一家机械商店当店员,虽然周薪只有 2.05 美元,但他每周却要花 2.03 美元来买机械方面的书,从不间断。

他结婚时,除了一大堆五花八门的机械杂志和书籍,没有任何其他值钱的东西。然而就是这些书籍,使福特向他梦想已久的机械世界不断迈进,最终开创出一番大事业。

功成名就之后,福特说道:"对年轻人而言,学得将来赚钱所必需的知识与技能,远比蓄财来得重要。"

泰戈尔曾经说过:"我们觉得知识是宝贵的,因为我们永远来不及使知识臻于完美。"男生永远不应该满足于已获得的知识和成就,因为那些只能代表过去,而未来存在于前方,对于知识的追求永远没有止境,因为总是有新的知识等待你去学习,你永远可以变得更完美。

宽容谦虚的风度就是西点军校送给你的第四份珍贵的礼物。

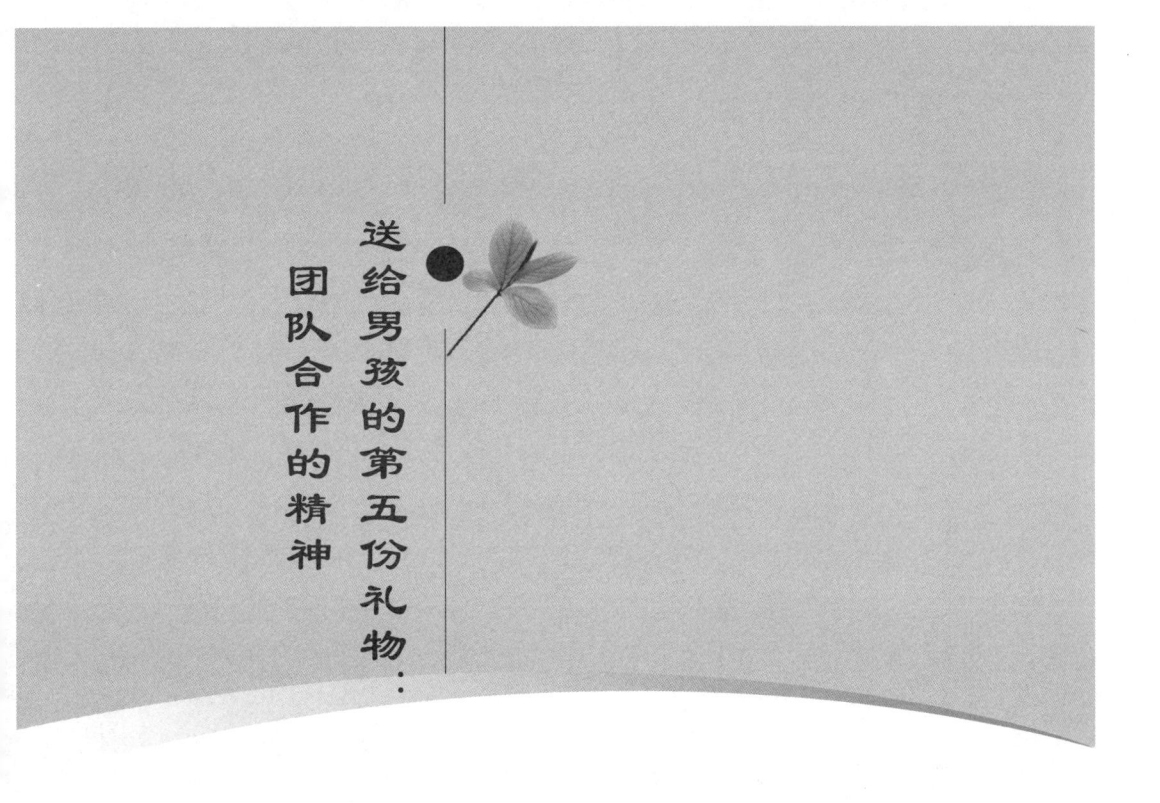

送给男孩的第五份礼物：团队合作的精神

☺ 个人英雄时代已经结束

☺ 一个人不可能演奏出协奏曲

☺ 人多不一定力量大

☺ 从"我"到"我们"

☺ 没有完美的个人，只有完美的团队

☺ 不想当将军的士兵不是好士兵

个人英雄时代已经结束

提到西点军校,大家都会觉得这是英雄的摇篮,麦克阿瑟曾经说过:"我们要培养的是战场上的雄狮,因为一头狮子带领的羊群能够战胜一只羊带领的群狮!"的确,西点军校是培养将军的地方,但是团队精神更是他们所推崇和强调的,试想如果每一位西点毕业生都只注重个人英雄主义,那么整个军队如何发挥协同效应,如何彼此磨合成一个有效的整体呢?

事实上,西点军校有着处理战友关系的三句箴言:彼此和善(Be Kind),友好亲切(Be Nice),凡事沟通(No Surprise)。他们非常注重培养学员之间的感情,因为当这些学员成为真正的战士后,他们曾经的同学情谊会让他们更懂得精诚合作。

巴顿将军是西点毕业的将军中比较著名和特别的一位,他的个人风格非常强烈,但是与人们想象的不同,他完全不是一个个人英雄主义者,而是非常强调团队的力量,并且懂得笼络人心、把大家的力量拧成一股绳。

第二次世界大战时,巴顿经常到军区的医院去给伤员鼓劲加油。当时美军在特洛伊伤亡不少,士气有些低落,于是巴顿带着40枚紫心奖章直奔战地医院。

他先是看到一位胸部受伤的士兵,大声说道:"好极了!我可是刚看到一个德国士兵既没有胸膛也没有脑袋呢。而且,我要告诉大家一

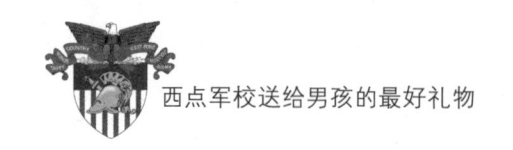

个振奋人心的消息,相信你们听到这个消息会觉得自己的伤特别值得。因为你们,就是英勇的你们,已经解决了8万多的敌人,或直接干掉或俘虏。而且这只是官方的数字,我观察了一下,实际数字恐怕要多很多!小伙子,赶紧养好伤,战场上还需要你!"

接着巴顿走到另外一名戴着氧气罩的士兵身边,只见这位士兵已经处于昏迷之中。于是巴顿脱下头盔,跪在士兵床前为他戴上了一枚紫心勋章,并在士兵耳边说着一些鼓励的话语。

病房中所有的将士对于巴顿的鼓励都非常感动,而且巴顿非常体恤下属,他曾经和上级说过:"凡是受伤三次的士兵,应该立即送回美国,因为他们已经为国家尽力了。"

巴顿以体能和个人作战能力著称,但事实上,他在团队建设上更加有建树得多,绝不是一个单纯个人英雄主义的人。他在战场上带领军队时奖罚分明,有许多的举措为人们所津津乐道。

有一次巴顿在病房慰问伤员,临走时,突然发现病床上躺着一个文弱的年轻人,仅仅服役8个月,看不出哪里受伤。巴顿走过去拿起年轻人的病历看了一眼后勃然大怒。因为那年轻人并没有真的受伤,而是向医生声称自己不舒服才得以休息,而医生诊断后只能判断其患有"忧郁型精神病"。很明显,这个年轻人只是患有"胆小惧怕上战场"的病症。

巴顿一把将这个年轻人从病床上拖起来扔了出去,并下令立即将这年轻人送往前线。病房中的士兵都非常惊讶,因为这样做巴顿可能会受到弹劾。这件事情确实曾经被美国媒体揪出来攻击巴顿,然而这年轻人却主动提出不想再纠缠此事。据说后来,这位年轻人在前线立下不少功劳,还获得了紫心奖章。

也有很多媒体非常支持巴顿的举措,因为在战场上,如果纵容变

送给男孩的第五份礼物：团队合作的精神

相的逃兵，那么将会是对那些敢打敢拼的战士士气的一种打击，巴顿这样处理问题，更能让大家变得齐心协力同仇敌忾，巴顿这样做可不是因为脾气暴躁或是为了逞一时英雄之勇。

如今已经是一个以追求团队绩效为主的世界，个人单打独斗的时代已经渐渐远去，团队合作将越来越频繁地被世人重复再重复。"单人不成阵，独木难成林"，比起单纯的个人英雄主义，拥有团队意识、善于团队合作的人无疑在学校中能够受到更多同学的欢迎和老师的认可。

当然，每个男孩心中难免都存有一些个人英雄主义的色彩，希冀能够得到别人的认同，渴望自己受到关注，这是很正常的心态。千百年来，英雄总是为世人所称颂。

但与此同时，英雄个人本领再高，还是离不开民众的支持和部属的努力。俗话说："一个好汉三个帮""红花还需绿叶扶"，英雄若没有背后强大的力量支持，即使他本领再大，也无法翻手为云，覆手为雨，更何况是在如今一个讲求合作，重视团队，注重沟通和交流的信息时代。

想知道海豚是如何捕食的吗？当它们看到海洋深处游动着一个很大的鱼群时，即使非常饥饿也不会欣喜若狂地立马冲向鱼群，因为如果那样做的话，鱼群就会被冲散。

那么海豚会怎么做呢？它们会尾随在鱼群后面慢慢游动，并用特有的声音"吱、吱……"向大海的远方发出信号。于是，一只、两只、三只……越来越多的伙伴游过来，加入整个队伍中并且一同发出讯号。当整个团队增加到50位成员的时候，它们依然没有停止；直到海豚的数量汇聚到100以上的时候，奇迹发生了：

所有的海豚将围着鱼群团团环绕，形成一个球状体把鱼群全部

围绕在中心。然后，它们分成小组并且秩序井然地冲进球形中央，慌乱的鱼群无路可逃，只能变成这些海豚的腹中佳肴。当中间的海豚饱餐之后，它们就会游到外围替换在外面工作的伙伴，让它们进去享受美餐。如此这般不断地循环往复，直到每一位成员都美美地饱餐一顿。

试想，如果一只海豚发现了美食之后便急于求成，冲向前去猎食，即使它能抓住小鱼两三条，或许也难以填饱肚子，而更多的"猎物"则在它捕食同伴的时候意识到自己的危险境地而迅即溜走，躲得远远的。

个体的力量终究是有限的，唯有团结起来协同作战，才能造就一个成功的团队，进而反过来成就所有团队个体的成功。在海豚的世界中，它们早已清楚地认识到这一真理并且积极地付诸实际行动。

曾经听过这样一则寓言：**在非洲的草原上，如果见到羚羊在奔逃，那一定是狮子来了；如果见到狮子在躲避，那一定是象群在发怒了；如果见到成百上千的狮子和大象集体逃命的壮观景象，那就意味着整个蚂蚁军团来了。**

蚂蚁军团的强大力量就在于此！纵然每一只小蚂蚁的力量在我们看来无异于一滴水之于整个大海，不过是微乎其微，起不了任何作用，但成千上万的蚂蚁聚集在一起组成一个庞大的蚂蚁军团，就仿佛无数滴水汇成一条溪流甚至是汪洋大海，其力量便不容小觑了。

男孩们在学生时代也是一样。在学习方面，不同的朋友擅长的科目不同，可以彼此交流心得体会，可以彼此辅导学习的窍门；在个人荣誉方面，班级集体可以拧成一股绳共同获得荣誉。最关键的是，在学生时代积累的朋友是你一生的财富，具有团队精神的人才能够获得更多的朋友,孤僻冷傲的独行侠将错过学生时代最纯真的友情。

男孩们,个人英雄主义的时代已经结束了,向西点军校学习团队合作的精神吧。在学生时代交朋友,与朋友们共同进步,彼此勉励,携手向前。

西点军校名将、一战远征军总司令:约翰·潘兴

一个人不可能演奏出协奏曲

自古以来，男孩们心中不乏崇尚个人英雄主义的情结。但就算是体育界这样个人英雄辈出的环境中，无论是贝克汉姆、罗纳尔多，还是乔丹、姚明这样的国际巨星，在赛场上同样不能逞个人英雄。个人只有服从于整个团队，服从于赛势的大局，球员们默契配合，才能打出好球，为自己的团队赢得胜利，为自己赢得荣誉。

同样的，一个球员不可能在每场比赛中都是明星，荣耀辉煌的一刻是由整个团队中的成员共同配合得来的。胜出，并不只归功于临门一脚的前锋或者是将未进门之球成功反扑的守门员，如果没有队员的妙传，进球谈何容易；同样，没有同伴适时的拦截，对方的球破自家大门的危险系数也将大大增强。**一个再如何伟大的英雄也不能代替整个团队，一个人无论如何无法演奏出美妙的协奏曲。**

越是能够成为人们心目中英雄的强者，越是懂得协奏曲不可能由一个人完成。比如西点军校毕业的著名总统艾森豪威尔正是如此。

1942年，艾森豪威尔被任命为二战欧洲战区的司令官，被派往伦敦。当时艾森豪威尔并不出名，而且头衔仅仅是少将。在欧洲战区司令官这个职位下，有366名将军，军阶都比他高。而且盟军之中有美国人、英国人、加拿大人、法国人、荷兰人和比利时人，那么多国家组成的盟军，语言、传统、训练习惯、利益出发点都千差万别。当艾森豪威尔得到这个职位的委任状时,有人不看好,有人不服气,可谓前途堪忧。然而,日后的事实证明,艾森豪威尔作为欧洲战区司令官非常成功,也成就了他日后从政最辉煌的政治资本。

艾森豪威尔当时到了伦敦之后,立即开始从美国军官内部进行团队合作的教育,要求他们与其他国家军官友好相处,对于无法贯彻团队精神的军官立即遣送回美国,绝不手软。而他自己也同样以身作则,与各国将军建立良好的关系,尤其注意与英国政治人物的联系,丘吉尔及其他军政要员都对他有很高的评价。

最经典的一件事情则是,在一次新闻发布会上,艾森豪威尔对记者们坦然公布了下一次盟军的攻击目标,记者们完全没有料到艾森豪威尔会公布机密信息,于是问艾森豪威尔:"您不怕这些信息被泄露出去吗?"

艾森豪威尔回答道:"当然担心,但是我相信我们的利益是一致的,相信各位的团队精神。所以我不打算审查你们的新闻稿,就看你们彼此之间的监督和责任感了。"记者们不禁感叹这种让他们彼此监督的方式真是又得人心又厉害的手段。而事实上那次军事信息并没有被泄露。

艾森豪威尔深知他不可能靠自己一个人搭台唱戏,所以他懂得将重要的利益方捆绑在一起共同演奏,演奏成功或失败与众人密不可分,因此自然人人积极参与力求表现。艾森豪威尔的手段是一种团队精神和领导艺术的绝佳结合,要知道盟军因为习惯和利益有分歧往往最难管理,就要看团队成员是否能够放弃竞争,齐心协力精诚合作。

龟兔赛跑进行了多次,互有输赢。后来,龟兔开始合作,兔子把乌龟驮在背上跑到河边,然后乌龟又反过来将兔子驮在背上游过河去——这就是"双赢"。其实,竞争对手也可以成为合作伙伴。

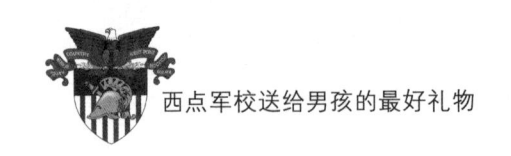

男孩们,你们平时在学校生活中,是否常常有一些彼此"较劲"的同学?或是在学业上较劲,或是在集体活动中较劲,又或者在体育赛事上较劲……但是你们有没有想过与不对路的同学精诚合作呢?有时男孩之间的友谊恰恰从较劲开始。和你性格不同,思维相左,品行又不对路的同学,或许恰恰是与你在个性或能力上互补的同学,就如同龟兔一般,并不仅存竞争关系,如果齐心协力或许恰好可以弥补彼此的不足,共同快速进步。

不可否认我们平时的选拔制度经常带有排他的色彩。以应试教育为中心的人才选拔制度更注重竞争而对彼此间的协作则不够重视。当然,竞争本身并不是一件坏事,它往往能使当事人产生一种危机意识,进而客观地评价自己,发现自己的局限性,并努力以更加奋勇的拼搏精神去不断地超越他人、超越自己。

然而,这种鼓励"零和博弈"式的竞争,不是你输便是我败、你问鼎第一我便只能占得其二的方式,往往会令学生在认识上产生这样的误区:觉得唯有自己力争上游、挫败群雄,方能在竞争中鹤立鸡群、脱颖而出。尤其是男生更是有这种一争高低的念头。

由此,男生们更多地专注于自身的发展而不愿主动与人交流,也不愿将自己的成功经验告诉他人;而对于比自己更优秀或者对自己的前途产生威胁的同伴,则让他们觉得是一种紧迫的外在压力,反而折腾得自己万分压抑。

的确,社会不能没有竞争,有竞争才能激发动力、增强活力,促使学生不断向前,不敢稍有懈怠。但是并不是所有的竞争都是你输我赢的关系,也并不是要竞争就不能有合作,竞争双方也绝不是截然对立的"冤家对头"。

比如说,两个同学在班级上争第一第二,因此不愿意交流学习心得,总是希望东风压倒西风。但如果到了年级组,他们需要竞争的是年级的排名,到了中考高考,更是追求分值的领先,他们彼此之间的名次排位显得就不那么重要。他们之间为何不能形成一种良性竞争又彼此合作的情形呢？由此可见，竞争并非完全排斥合作，而合作也不必然排斥竞争。在竞争中谋求合作、在合作中有序竞争，才能实现优势互补、资源共享、双赢发展的良好态势。

曾有一位博士画过一张世界地图，并非我们平日看到过的那种普通的世界地图。这张地图上的每个部位都是三角形的，画出来的地图就像是一个外层空间的太空站。

虽然地图上所有的角落都是尖的，可是当人们将这个完全尖的地图向后仰合在一起的时候，令人感到不可思议的事情发生了：它们竟然组成了一个完整无缺的球体——那些最尖锐对立的三角形竟然拼成了最圆满的圆形！

这幅地图是否给予你某些启示了呢？其实，它要告诉我们的是：在我们眼中尖锐、对立、冲突的世界，其本质是相关联的、相契合的、圆融的。地球以它本身的形态向我们证明了一个最重要却为许多人忽视的真理：**竞争总是与合作并存的，越是激烈的竞争，越是需要相互之间的协同合作，合作是发展的必然方向。**

俗话说："一人不敌二人计，三人合唱一本戏。"无论是学习还是社团活动，都可以互相交流，良性竞争，彼此帮助，团结就是力量，联合才有优势。

所以，男孩们，我们需要更明智地处理竞争与合作的关系，不要将眼光狭隘地局限于小集体、小团队上，在积极竞争的同时，将团结协作的精神发扬光大，在更大的舞台上展现自己实力，这样我们的能力才能真正得以提升。

人多不一定力量大

有人曾经向西点军校的校长莱诺克斯提出这样一个问题:"西点如何将个人英雄主义和团队合作精神有机统一起来?"

莱诺克斯校长回答道:"一方面,我们注重学员之间相互友爱等方面的教育。但另一方面,我们深知,人多并不一定力量大,因此我们有个说法叫作:'你得合作,才能毕业。'有很多的项目,需要学生发挥各自的才能才能完成。

比如说,有的学生文化成绩好,但是体能锻炼成绩很差,而另外一些则可能恰好相反。那么我们就会将这两种类型的人组合在一起,让他们互相帮助共同毕业。"

西点军校深知,未来美国的陆军精英军官可不能互相拖后腿,他们必须懂得"人多不一定力量大"的道理,寻觅伙伴才能够得到更强大的力量。

一般情况下我们习惯地认为:"人多力量大。"所谓"一人技短,二人技长",所谓"三个臭皮匠,胜过诸葛亮"等。可见,群体意识自古有之。但是,经过有关专家长期的测试和分析,发现在群体之中,"人多"并不一定意味着"力量大",甚至有可能恰恰相反。

科学家瑞格尔曼曾经做了一个著名的拉绳实验。参与测试的人员被分成四组,每组的人数分别为1人、2人、3人和8人。瑞格尔曼要求各组用尽全力去拉绳,同时用灵敏的测力器分别测量各组的拉力。测量的结果颇有些出乎人们的意料:

送给男孩的第五份礼物：团队合作的精神

2人组的拉力是单独拉绳时两人拉力总和的95%；

3人组的拉力是单独拉绳时三人拉力总和的85%；

8人组的拉力则降到单独拉绳时八人拉力总和的49%！

这个结论无疑彰显了这样一个事实：**在群体组织中，并不必然会得出1＋1＞2的结果，一个普通的团队人数再多，并不必然能够战胜一个成员不多而真正高效的团队。**1＋1＝2甚至1＋1＜2，都是有可能存在的。

下面这个故事，或许能够为我们揭开其中的因由。

天鹅、狗鱼和虾想要一同拉动一辆装有东西的货车，于是三个家伙套上车索，拼命地用力拉。可大家使出了浑身力气，车子浑然不动。

其实，车上装的货物并不算重，只是天鹅套着车索拼命向云里冲，虾则尽是向后倒拖，而狗鱼则直往水里拉动。

天鹅、狗鱼和虾，我们很难说究竟哪个是对哪个是错，总之，最终的结果是：车子还停留在老地方。

同样的，如果一个群体中的每个成员都各自为战，完全按着自己的喜好、自己的意志去做，那么纵然他们的大方向一致，也会因其互相之间的不协调而使各人所施展的力量化于无形，甚至起到反作用，最终无法走向共同的标的。

由此可见，力量的强大并不完全取决于群体中个体数量的多寡，组织内的成员如果不能协调一致地行动，就会很容易产生内耗，必然无法产生整体大于部分之和的协同效应。

只有抱团合作才能共同撑起一片天，个人能力的充分发挥，还需要依赖整个集体链的合作；过分夸大任何一个个体的作用，到最后都将被证明只是一个笑话。

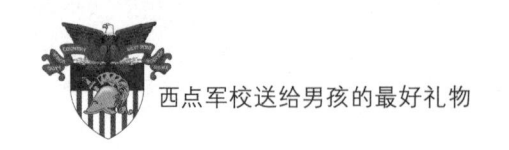

从前，有一位长者听到五个手指在议论：

大拇指说："我最粗，干什么事都离不开我，别的四个手指都没用。"

食指说："大拇指太粗，中指太长，无名指太细，小拇指太短，他们都不行。"

中指说："我的个子最高，只要我一个人就能做很多事。"

无名指说："人们都喜欢我，把戒指戴在我的身上，我最有用。"

小指说："你们长得那么长、那么粗，有什么用？我是小而灵，我的作用最大。"

长者听了它们的对话，语重心长地说："你们都说自己最有用，那么我就请你们来比一比，看看到底谁的作用大。"

这位长者拿出两只碗，其中一只里面放了一些小豆子，要求五只手指分别把这些小豆子拿到另一只碗里。结果可想而知，没有一只手指能完成这件事。

五只手指只有共同合作才有可能完成任务，如果相互之间无法实现协调，各自为政，必然步履维艰，处处碰壁。就连20世纪60年代最"个人英雄"的球王贝利也曾表过态："将比赛带向胜利的不是球星，而是那个团队。棒球虽然可以凭借一个投球手取胜，但足球绝不可能。再怎么有名的球员，能踢进一个球，也是因为有其他球员在适当的瞬间把球传给了他。"

我们都曾听过"三个和尚"的故事，"一个和尚挑水喝，两个和尚抬水喝，三个和尚没水喝"的谚语也已是妇孺皆知。为什么一个和尚有水喝而三个和尚反倒没水喝？那是因为三个和尚都有着同样一种心态，都想依赖别人而不想自己出力，于是便在挑水的问题上互相推诿，结果是谁也不去挑水，最终使得大家都没有水喝。

男孩们，你们是否也经常有这种"内耗"的举动？集体活动中，因为反感某个同学而不愿意帮忙甚至捣蛋拖后腿,搞得两败俱伤实在不可取。如果你们常常这样思考问题,那就得好好想想,平时你们瞧不上女生觉得她们小肚鸡肠,如果你们这样做那真是还不如你们心目中胸襟不够开阔的女生呢。

生活在海边的人常常会看到这样一种有趣的现象:几只螃蟹从海里游到岸边,其中一只也许是想到岸上体验一下水族以外世界的生活,于是它努力地往堤岸上爬,可它无论怎样执著,却始终无法爬到岸上去。当然,这并非因为那只螃蟹选择了错误的路线,也不是由于它的动作太过笨拙、行动太过迟缓——而是它的同伴们不容许它爬上去!

每当那只有所企图的螃蟹爬离水面并即将爬上堤岸之时,其他的螃蟹就会争相拖住它的后腿,把它重新拖回到海里。如此周而复始,最终谁也无法"逃出生天"。当然,如果你也曾偶尔看到一些爬上岸的海螃蟹,不用说,它们一定是单独行动才爬上来的。

所以说,男孩们如果常常拖人家后腿,那可就得当心自己在向前冲时,没准儿也前路坎坷陷阱重重。而那些愿意发扬团队精神,诚心诚意帮助他人的人,则会在前进的道路上获得许多助力。有些人向前冲时阻力重重,有些人却助力多多,你愿意当哪一种人呢?

一个木桶由许多块木板组成。如果组成木桶的木板长短不一,那么这个木桶的最大容量并不取决于桶壁上最长的那块木板,而恰恰受制于桶壁上最短的那块木板的高度——这就是"木桶定律"。

从"木桶定律"中所蕴含的启示,我们了解到,决定一个团队战斗力强弱的并不是那个能力最强、表现最好的人,而恰恰是那个能力最弱、表现最差的落后者。最短的木板对最长的木板起着限制作用,制约着整个团队的战斗力,影响着整个团队的综合实力。

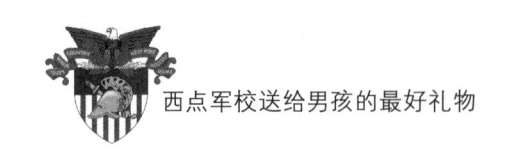

然而现实情况是，男孩们经常瞧不起团队中的"短板"，嫌他碍事麻烦拖后腿，但往往"短板"才是影响集体战斗力的关键所在。我曾经遇到过这样一个男生，他成绩不错却不愿意帮助成绩很差的同桌，结果在老师的逼迫下他不得不"一帮一"为同桌开小灶补课。没想到补课补了几个月，在期中考试时，他和同桌的成绩都突飞猛进，原来知识通过转移是强化知识最好的方法，那位男孩通过为同桌梳理知识点使得自己的基础更为扎实了。

一个团队之所以不同于群体，关键就在于它实现了"整合汇聚"。**真正高效的团队就像一个聚光镜一样，可以将一束束阳光汇聚到一起，从而产生巨大的能量。**

如果将一个人融入一个团队，就会产生更大的磁场效应。这种磁场效应不仅能把众人的力量凝聚在一起，而且还会产生每一个团队成员的个人力量都无法企及的强大感染力，使整个团队趋向于一个完美的整体。

作为团队成员，我们必须明白，只有一个完全发挥作用的团队才是一个最具竞争力的团队；而只有身处一个最具竞争力的团队之中，个体的价值才能获得最大程度的体现，团队的成功就是个人的成功。

从"我"到"我们"

西点军校教育学生不应该立足于"我",而是凡事能够考虑到"我们",因此西点要求学生之间在许多事项上互相通报。

比如新生需要互相转告"每日一问"的内容,需要彼此通知第二天的制服要求,彼此提醒各种活动的禁忌等。在西点军校,一个学生了解情况之后,把信息发布在网络上,就能够帮助所有学生快速了解信息。

西点军校就是要让学生知道,从加入西点的那一刻起,他们的观念中就不仅仅只有自己,而是一个团队。许多西点名将都聊起过西点学生生活中"等待吹号"的乐趣。

在西点军校,上课不能迟到,下课也必须准时。一旦下课号吹响,那么不管什么课程都必须立即结束。

因此学生们在同学遇到困难时,就开始了"等待吹号"的诡计。比如说,有哪位同学被老师点名回答问题,这位同学支支吾吾答不出来,在他非常窘迫的时候,就会有很多同学纷纷给予帮助。

帮助者会不断向老师提问,试图岔开老师的思路,或是让问题一环套一环没完没了,总之只要拖到"吹号",那位答不出问题的同学就可以躲过一劫。

据说艾森豪威尔的好人缘就和他擅长帮助同学拖延至"吹号"不无关系。

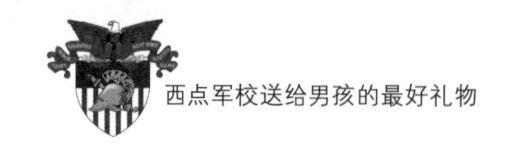

尽管这并不是值得推崇的行为，但是这种行为确实培养了西点学生的团队意识，从加入西点的那一刻起，不再仅仅考虑"我"，而是凡事想到"我们"。

曾看到过一份哈佛大学成功百分比的数据统计，在关于获取成功所需的要素中，比例大致是这样的：

小事成功：专业能力占80％，人际关系占10％，观念占10％；
大事成功：专业能力占20％，人际关系占40％，观念占40％。

毋庸置疑，这组数据有力地揭示，小成功靠自己，大成功靠团队。如果你只想获取一些小小的成功，依靠你自己的学习能力或许绰绰有余；但若想成就一番大事业，依靠单枪匹马的个人行为已经难以达成，唯有善用团队的力量，发挥众人的才智，才能成就大事业，获取大成功。

据统计，诺贝尔获奖的项目中，因协作获奖的已经占到2/3以上，在诺贝尔奖设立的前25年，合作奖项占到41％，而现在则跃居到80％以上！

一个由相互联系、相互制约的若干部分组成的整体，经过优化设计后，整体功能将会大大超过部分之和，产生个人无法企及的高度。由此，华人成功学创始人之一的陈安之在总结历代大成功者的经验之后，得出了"永恒成功法则"，那便是：

成功靠别人，成功靠团队！
你的命运，决定于跟谁在一起；
你的行为，决定于所交往的人；
骑上好马，才能马上成功。

众人拾柴火焰高。利用众人的力量来增强自己的实力，比起自给自足高明多了。

有一次，中国人、俄国人、德国人、法国人、美国人等聚在一起，为了表现自己国家的文化，大家各自拿出独具代表性的东西——酒。中国人拿出了古色古香的茅台，俄国人拿出了伏特加，德国人拿出了威士忌，法国人拿出了香槟。

轮到美国人了，他不慌不忙地把大家刚刚拿出的酒每样倒一点到瓶子里，说道："这就是美国的特色酒——叫作鸡尾酒。"

依靠自己的一人之力，经过辛勤耕耘后你可能会获得三分甚至五分的成就，而借助团队的力量，取得十分的成就比起个人辛辛苦苦所得的五分之成就未必更难。

男孩们，不知你们是否听到过这样的比喻，说是"下围棋"是日本人的处世方式，从全局出发，为了整体利益和最终胜利可以牺牲局部的"棋子"；"打桥牌"是美国人的处世风格，需要与对方紧密合作，针对另外两家组成的联盟而激烈竞争；"打麻将"则是中国人的作风，孤军作战，看住下家，防住上家，自己和不了，也不让别人和。

看到这里，你是否会不由自主地生出忧虑：中国在如此"麻将文化"的长期熏陶下，会不会败在这种处世方式上？或许这种孤军作战的错误风格就要从本书读者的这一代开始不断改善。

总有一些人，明明具有不错的能力，但从不轻易将自己的思想、经验拿出来与人分享，就算他人来向自己请教，也只会顾左右而言他，或者每次都说自己只不过是侥幸，敷衍了事。重视"我"、轻视"我们"，重自我发展、轻团队合作，以自我为中心的心理是人们较为普遍的心态。

在一堂数学课上，老师给同学出了一道题："1+1等于几？"对，在数学上1+1等于2；但在生活中，很多时候1+1并不等于2。于是老师举了个例子。

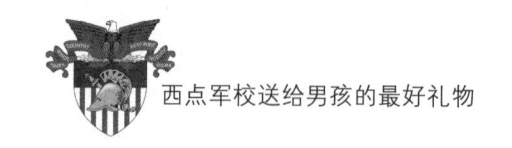

小强最爱玩跷跷板。某一天,他一个人来到游乐场玩跷跷板,折腾了半天也没玩起来。这时,小刚来了,他也爱玩跷跷板,于是两人为跷跷板归谁玩而起了争执,最后谁也没玩成。

想一想,小明和小刚为什么都没能玩跷跷板?他们应该怎么做才对?这时的1+1等于几?原因是什么?

毫无疑问,这时的1+1=0。这个比喻,说明如果大家心里只有"我"的存在,不配合,不团结,不协作,即使个体力量再大,最终这个力量也会如同泥牛入海,消失于无形,结果当然只能是一个"0"。

那么如果具有"我们"这个概念,互相之间懂得了协作,1+1的结果又会如何呢?老师又讲了一则故事:

一天,有两个人在茫茫沙漠中迷了路。其中一个人腿伤了,无法走动,但他身上有半壶水;而另一个人,身上一滴水也没有,快要渴死了。

你能想个办法救救他们吗?当然,有水但伤了腿的人应当让出部分的水给没水的人,而没水的人作为回报,应当将有水的人背出沙漠。各取对方所需,协同合作,这时的1+1将会实现等于2的结果。

故事继续进行。这两位得救的人原来都是科学家,当他们走出沙漠,回到工作地之后,发扬了团结协作的精神,一起研制出了一种新药,治好了千千万万的病人。

这时的1+1又等于多少呢?无疑它已经大于2了。但如果我们反过来想一想,在沙漠中的两位科学家如果像抢跷跷板的小强和小刚那样,结果又会如何。

送给男孩的第五份礼物：团队合作的精神

很多时候，有些人习惯于"非此即彼"的思维，而这也正是很多人没能"笑到最后"的罪魁祸首。天下之事原本就是在综合中求均衡，谁能始终在兼容并蓄中实现双方甚至多方利益的均衡，谁就能最终获得成功。尤其在资源有限的环境中，就像在沙漠中资源极其有限的情况下一样，一定要在短期与长期、现实与未来的利益之间找到最大利益的均衡点。

合作其实是一个互相帮助、资源共享、优势互补的过程，从"我"到"我们"，最终达成取长补短、共同发展、获取双赢的目的。相反，如果人人只顾自己的利益，只看到自己的长处，缺乏合作共进的意识，团队利益就会被淡化，整个队伍就会成为一盘散沙，不堪一击。

此外，当一个人想要解决问题的时候，可能会在头脑中产生各种想法，一个接一个的想法涌入脑海，但这种想法迟早会枯竭。因此，当个人分析问题时，其解决方案就只局限于他所能想到的范围之内；而如果组成一个团队，每个人都提出自己对于问题的想法，就好像你拿出一个苹果，我也拿出一个苹果，那么每个个体都将会看到更多的苹果，其看待问题的视野也将得到极大的拓展，问题的解决无疑将变得更为容易。

小杰克在他的玩具沙箱里玩耍。在松软的沙堆上修筑公路和隧道时，他在沙箱的中部发现一块很大的岩石。

小家伙开始挖掘岩石周围的沙子，他手脚并用，没有费太大的力气。但是，大半个岩石露出来之后，杰克发现它实在太大了，根本不可能搬走它。

无论是手推还是肩顶，杰克始终没有成功。每次，当他刚刚取得一些进展的时候，岩石便滑脱了，重新掉进沙箱。

最后，他伤心地哭了起来。这整个过程，男孩的父亲从楼上的窗户里看得一清二楚。他来到了儿子跟前："杰克，你为什么不用上所有

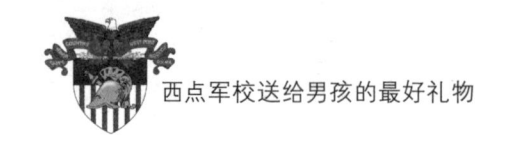

的力量呢?"

垂头丧气的小男孩抽泣道:"但是爸爸,我已经用尽了我所有的力量!"

"不对,"父亲纠正道,"你并没有用尽你所有的力量。你没有请求我的帮助。"

父亲弯下腰,抱起岩石,搬出了沙箱。

你是否从中得到了一些启示呢？个体的力量始终渺小,有许多事情依靠个体的力量是难以达成的,但对于这个问题我们并非完全无能为力,如果你懂得并善于借助自己身边的资源,向他人寻求帮助,让有能力的人去分担你整个事情中他所能胜任的那一部分,问题就可以解决了。

男孩们,如果你在学习和生活中遇到了困难或复杂的问题,你应当考虑一下是否需要求助于他人,而不应该觉得"作为一个男子汉,什么都应该自己扛着",那是相当错误的想法。

当你和他人交流探讨时,能够产生灵感的火花;当你向经验丰富的老师、家长和师兄师姐请教时,能够少走许多的弯路;当你借助集体的力量时,许多复杂的问题会迎刃而解。

没有完美的个人，只有完美的团队

在西点军校体育馆的墙上，有这样的口号：

今天，在友谊的运动场上，我们播下种子；
明天，在战场上，我们将收获胜利的果实。

西点军校设置了大量的团队活动来帮助学生建立友谊和团队精神。而所有活动中最为著名的就是西点军校的"毕业墙"。西点军校第四十六期毕业生有这样一个惊心动魄的故事：

在西点军校第四十六期学员毕业的前一天晚上，他们执行离校前的最后一次水上巡逻任务。或许因为这是最后一次巡逻任务，因此学员们有所疏忽，巡逻艇撞上了在海面上的油轮。

当时正是深夜时分，油轮上的海员没有注意到这件事。巡逻艇已经开始漏水，学员们面临生死存亡。

他们唯一的机会，就是爬上油轮高达4.2米的甲板，然而巡逻艇上没有任何攀爬工具。最后学员们通过搭人梯的方法爬上了甲板成功获救。

后来学员们把事件经过报告学校，西点军校也受此启发，在学校的训练场上搭起了高达4.2米的墙，每一期学生必须以60人为单位

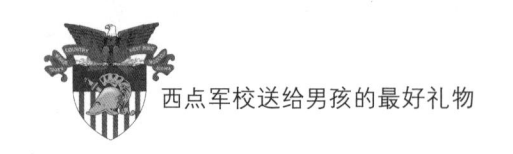

在15分钟内全部爬上高墙,后来这面墙就有了"毕业墙"的称号。

时代需要英雄,更需要伟大的团队。一个人的智慧再高,能力再强,对于迅速膨胀的信息和全面爆炸、不断更新的知识也无法做到全面掌握,你表现得再出色,也无法创造出一个高效团队所能产生的价值。只要能够帮助团队成功,个人的荣耀也会水到渠成。

男孩们,问你们这样一个问题:"一滴水怎样才能永不干涸?"

正确的答案是:"把它放进大海里去。"

这个答案让人深有感触。一个人再完美,也不过只是一滴水,一滴水的力量再强大,也终究会消失于无形;一个优秀的团队就有可能是一条小溪甚至是一条大江,将每一滴水融入其中,就不必担心它们会干涸。

每年的秋天,大雁都会成群结队地飞去南方过冬,第二年春天再飞回原地。在长达万里的航程之中,它们要遭遇猎人的枪口,历经狂风暴雨、电闪雷鸣以及寒流与缺水的种种威胁——但每一年,它们都成功往返。它们是如何做到的呢?

每年的秋天,大雁们都要飞到南方去过冬。它们整齐地排列成人字形,在天空中飞行。

为何它们要选择这样的飞行方式?经过有关专家长期的研究得出结论:雁群一字排开成"V"字形时,将比孤雁单飞提升了71%的飞行能量!当一只大雁拍击翅膀时,同时会为后面的大雁制造上升的气流。

而当领头的大雁疲劳时,它就会退到人字形队伍的后方,让另一只大雁占据领头的位置。后面的大雁则会发出"嘎嘎"的叫声,为前面的大雁鼓劲助威。

如果某只大雁不小心掉了队,马上就会感到独自飞行的强大阻力,因而,它不得不很快地寻找自己的团队并重新回到队伍中去。而当一只大雁由于生病或受伤而掉队时,总会有两只大雁随同它一起飞落到地面,协助并保护它,直至其康复,它们再组成自己小型的"V"字形,直到加入新的雁群,或者追赶上自己之前的团队。

孤雁难成行。对于大雁来说,互相合作已经不仅仅是一种精神,更是一种生存的技巧,如果某只大雁企图脱离团队而单独飞行,或许没飞出多远便因强大的阻力而无法前进甚至中途丧命。可以说,大雁因融入团队而求得生存,因脱离团队而险阻重重。

在十分危急的情况下,更应当发扬团结协作的精神,只有这样,才能获得最大的生存机会。这让我想到另一个故事:

在南美洲的草原上,有一种动物演绎过这样的故事:酷热的天气,山坡上的草丛突然起火,无数蚂蚁被熊熊大火逼得节节后退。大火的包围圈越来越小,渐渐地,蚂蚁们似乎已变得无路可走。

然而就在这时,出人意料的事情发生了:蚂蚁们迅速聚拢起来,紧紧地抱成一团,很快就滚成一个黑乎乎的大蚁球。蚁球滚动着冲向火海……

尽管蚁球很快就被烧成了火球,在"噼噼啪啪"的响声中,一些居于火球外围的蚂蚁被烧死了,但更多的蚂蚁却绝处逢生!

蚂蚁们的这一抱,是命运的抗争、力量的凝聚,是以团结协作的手段,为共渡难关、获求新生作出的必要努力和崇高牺牲。无此一抱,蚂蚁们必将葬身于火海,精诚团结则使它们的群体得以延续!

一盘散沙难成大业,握紧拳头出击才有更大的力量。任何一支团

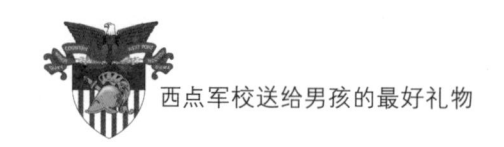

队,成员之间必须团结一致,人心齐,泰山移,大家心往一处想,劲往一处使,就能无往而不胜。

男孩们,学生时代的友情是无可替代、无可比拟的财富。当你认真学习西点军校的团队精神之后就会发现,这会帮助你获得更多的团队力量,不再孤僻冷漠,并将获得许多值得珍惜的好朋友。

团队合作的精神就是西点军校送给你的第五份珍贵的礼物。

西点军校名将:乔治·巴顿

不想当将军的士兵不是好士兵

西点军校在二百多年的历史中,为美国培养了无数军事家、政治家和企业家。每一位西点人无不以那些西点军校的前辈、西点曾经培养过的那些领袖为自己的榜样,去追逐自己的梦想。

不想当将军的士兵不是好士兵。西点人立足高远,志在成为不同行业的翘楚。

西点军校的毕业生们在毕业时都会非常希望进入美军中的两大王牌精锐部队——第82空降师和第101空降师。这两个师现任的少将师长都是西点军校毕业的。

能够进入这两个王牌师,在这两个师中成为直接带兵的基层军官,历来都会被看作军人事业中重要的里程碑。其中第82空降师曾经在20世纪90年代的海湾战争中和2001年至2002年的阿富汗战争中首先杀入战场,至今仍有部分第82空降师驻扎在阿富汗。而当美国国内需要用兵时,也首先会考虑到第82空降师,常常派这支部队执行重要任务。因此第82空降师便成了雄心勃勃的西点军校毕业生最向往的地方。

与第82空降师齐名的另一个王牌师就是第101空降师。这个师也是一支多兵种的合成作战部队。这支部队在2003年的美伊战争中也全部出动,立下汗马功劳。

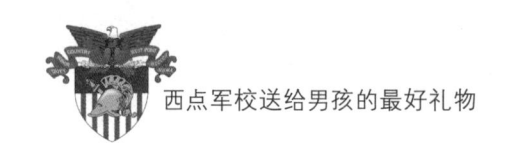

而相比之下,驻日美军的生活条件则好到不可想象,据说日本政府通过隐秘的预算贴补驻日美军的生活,他们的住宿娱乐和办公服务设施都是第一流的,经济条件和生活环境都如此优越,但却没有西点毕业生将驻日服役视为优先考虑。

除了第82空降师和第101空降师这两支王牌部队之外,还有很多精锐部队也是西点毕业生向往的。例如,美国海军的两栖作战王牌"海豹突击队""绿色贝雷帽"突击伞兵部队等,这些特种兵以小单位独立行动,也会附属于某支大部队。而2003年长驱直入伊拉克直捣巴格达的美国陆军第三机械化步兵师也成了美国家喻户晓的一支劲旅,同样也是西点毕业生希望加入的部队。

西点毕业生之所以主动选择王牌之师,就是因为有着更高的职业理想,不能仅仅当一名士兵而是希望成为一名将军。因此,西点军校非常注重在校生领导力的发展,教导西点人懂得"向老兵学习,以上司为榜样",懂得怎样才是一个杰出领导所需要的最佳行为。

"以上司为榜样",是西点人必须谨记和遵守的原则之一。它体现了一种对上司的尊重与服从,更是一种对于上司、对于军队的忠诚。

对男孩们来说,这里的"上司"可以理解为楷模和其他优秀的学生。很多男孩非常的傲气,有时候看待所谓的学习榜样和三好学生总有几分不服气。然而榜样之所以能够成为榜样,多少因为他们有着自身的闪光点。

西点军校的另外一个特别之处在于,很多胸怀大志的年轻军官是由学长们培养出来的,而并非军官或指导员。这些学长在几个月的时间里悉心指导新学员,把他们努力培养成合格的西点军官。

学长们对待新学员是相当严厉的,可是新学员对他们既害怕,又服从、尊敬、钦佩,真心实意地从他们那里学习如何在战场上生存的本领。所有的新学员都会在学长身上看到与众不同的过人之处,西点新学员几乎把学长看成自己的老师,努力在学长身上学得这些能力。而相应的,西点的学长也非常注重以身作则。

无论是以上司为榜样,还是上司必须以身作则,都是西点精神所强调的。只有两者的完美结合,才能造就有凝聚力的团队。

而男孩们想要成为一个有凝聚力的团队的将军,还需要培养自身的领导力。西点军校又是如何界定男孩们所需要的领导力的具体行为内涵呢?

西点毕业生丹尼斯·P.欧尼尔在其作品《西点领导课》中提到:

美国军队推出了一个称为"长凳计划"的项目,"长凳"是棒球比赛中的一个术语,是说一个成功的团队只要从左到右扫视一下赛场边的长凳,就能准确叫出候补队员上场比赛。"长凳计划"意在培养一代能够高水平执行使命的领导者。

一个组织要想发展一项"长凳计划",其领导者必须同时是具有战略眼光和创造性的思想家、团队建设者、有能力的专业管理者和出色的外交家。自我意识是培养有效领导者多样技能的最重要基石。

丹尼斯还在作品中总结了西点式领导者应具备的最佳行为模式。每一个男孩都是未来的小将军,所需要具备的最佳领导行为包括:

真正有兴趣地倾听并获取必要的信息。

值得信赖,可以依靠;让人们愿意向其征询意见。

公平地和一致性地执行标准;在正确的时机做正确的决策。

明细任务、标准和应优先完成的任务。

有效地处理坏消息。

高标准严要求。

有效管理资源;明晰优先事项;提供有用的反馈。

决策时征求并综合其他观点。

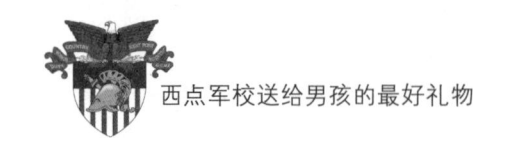

在压力下保持冷静。

纵览全局,熟知背景,展望远景。

快速适应新环境和需求。

积极主动,善于鼓励人心,具有现实的、乐观的精神。

男孩们,以上行为要求,你们符合几条呢?对西点人而言,如果要成为一名高级军事指挥官,在领导力上是非常高标准严要求的,他们还需要通盘思考,把握全局;以身作则,身先士卒;能前瞻性思考,预见团队的需求,并且需要更高的价值观准则。可以说,"不想当将军的士兵不是好士兵",然而一名士兵想要成为杰出的将军也绝非易事。

西点军校的校园一景

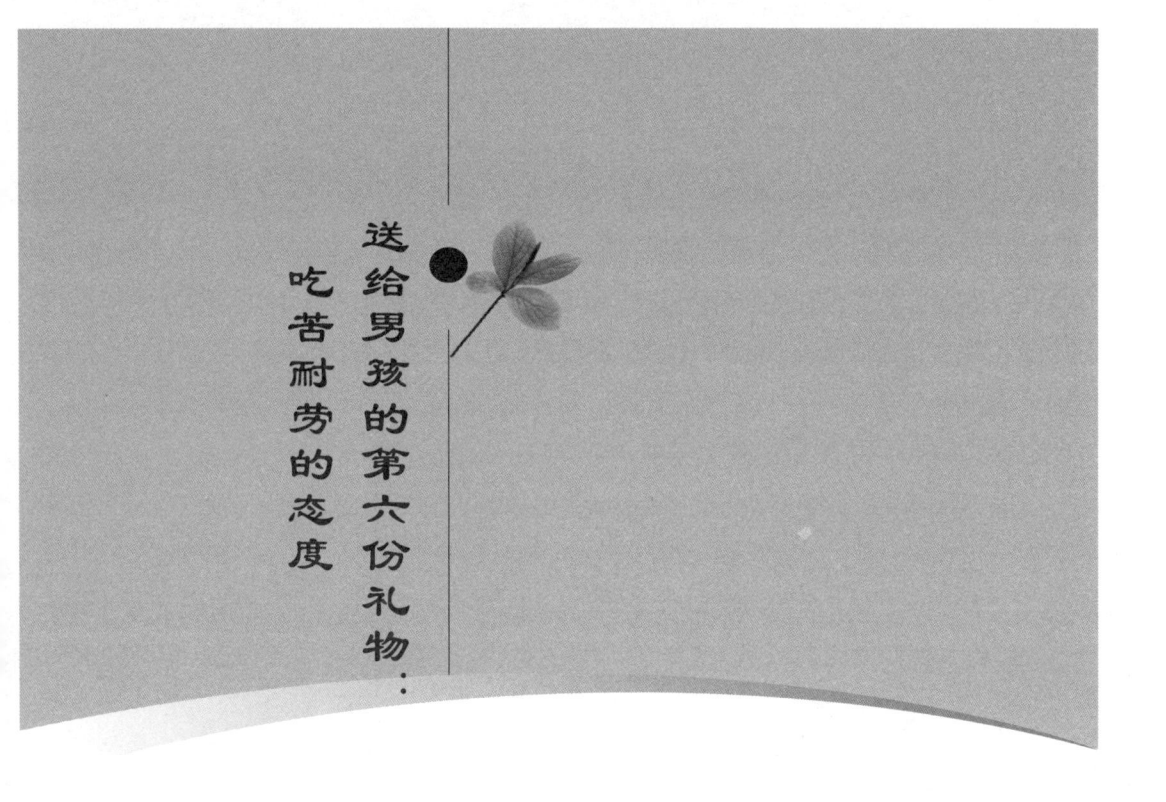

送给男孩的第六份礼物：吃苦耐劳的态度

☺ 不受百炼，难以成钢

☺ 勤奋比天分更重要

☺ 拖延导致平庸，行动成就卓越

☺ 积极乐观，主动出击

☺ 方法和努力同样重要

☺ 健康的精神需要健全的体魄

不受百炼，难以成钢

西点军校作为培育顶级军官的学校，在吃苦耐劳和学生抗压能力培养方面都有着非常高的要求，如果详细了解了西点军校的排名制度，则不得不感叹一句：这些西点学生都可谓不受百炼，难以成钢。

西点军校多年来采用学生排名体系，与其他许多大学不同的是，西点的排名体系是为全体学员而设，而并不只是排列最靠前的若干名学生。

西点军校的排名标准，最主要的是考量学生的学习成绩、军事科目和体育体能三个方面，而考量的手段则包括考试、军事训练、体育锻炼、守纪得分、完成任务得分、违规点子扣分、个人风貌以及教官评语等方面。每一个学生都有一个属于自己的档案夹，其中收录着他所有的成绩单和个人记录。

西点军校排名频次充分考验了学生的抗压能力，以前西点军校每一个半月就要排名一次，但这造成了过大的压力，于是现在改成了半年一次。然而还是有大量的学生中途打听自己的排名，以争取能够在正式公布榜单之前扭转局势。而假设有学生排名下降得较厉害，或是有不及格的可能性，那么自然就会有教官给予他特殊关照。

西点军校实行排名并不仅仅为了一个荣誉，而是涉及许多权利和资源由谁获得。排名靠前的学生能够拥有许多特权，最重要的是将来毕业分配时能够获得好去处，甚至能够自行选择。综合排名或某个单项排名特别突出的学生会成为明星一般的人物，他们毕业时将会从美

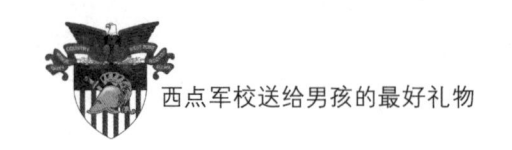

国总统或是美军最高首长手中获得毕业证书。很多赫赫有名的将军在西点军校的排名都曾经非常靠前,最为典型的就是以全优成绩从西点毕业的麦克阿瑟。

西点军校的排名体系颇为苛刻,但是通过这种方式训练出来的学员则很明显更能够吃苦耐劳。

男孩们,每个人的能力都不是与生俱来的,更不是一成不变的,而是在勤奋努力的过程中不断获取的。一个人要想在知识经济时代脱颖而出,就必须积极进取、奋发向上,付出比以往任何时候更多的勤奋和努力,哪怕是像比尔·盖茨这样的天才,他的成功也是靠不断的勤奋努力得来的。

在微软刚开始创业时期,比尔·盖茨的生活,除了和有合作意向的公司谈生意或者出差,就是在公司里通宵达旦地工作,甚至常常会工作到深夜。有时,秘书清早来上班,就会发现他竟然躺在办公室的地板上鼾声大作。因此他的合伙人保罗·艾伦经常说他是个工作狂。在研究DOS系统时,他曾经打电话告诉母亲,自己将"消失"6个月,潜心研究DOS系统,以完成与国际商用机器公司的交易。

盖茨曾经在媒体采访时描述他普通一天的工作进程:"早晨9点上班,工作至午夜。期间与一些同事共进午餐,午夜之后,我乘车回家,读1个小时如《经济学家》之类的杂志",这就是这位工作狂人的生活。1993年,他每周仍然工作6天,每天工作13个小时。即使是微软发展到现在这种规模以后,比尔·盖茨也没有放松自己的工作。他经常在夜晚或凌晨发电子邮件给他的下属,内容是关于他们所编写的计算机程序的。至今,他每天仍至少要花费六七个小时的时间来检查编程人员编写的软件,并给出自己的修改意见。

不受百炼,难以成钢。一个人的成功,环境、机遇、天赋、学识等外

部因素固然重要,但更重要的是自己是否勤奋。缺乏勤奋精神,哪怕是天资奇佳的雄鹰也只能空振双翅;而具备勤奋精神,哪怕是行动迟缓的蜗牛最终也能雄踞塔顶,观千山暮雪,渺万里层云。事业上的成功不单纯靠能力和智慧,更要靠勤奋努力。

吉姆·罗杰斯出生于小城镇,在20世纪70年代,他与乔治·索罗斯合伙,共同建立量子基金,后来又成为哥伦比亚大学的教授。他曾两次环游地球并打破吉尼斯世界纪录,被《时代》周刊称为金融界的印第安纳·琼斯。他两次周游世界,在一些最不可能的地方进行着非常有利可图的投资。

罗杰斯将他的很多成功归于勤奋。他说:"我并不觉得自己聪明,但我确实非常非常勤奋地工作。如果你能非常努力地工作,而且很热爱自己的工作,你就有成功的可能。"他认为,每个人都梦想着赚很多的钱,但是真要赚到那么多钱是不容易的。

当罗杰斯还是一个专职的货币经理时,他曾讲过这样一句话:"生活中最重要的事情是工作。在工作做完之前,我不会去做任何其他事情。"他是这样说的,更是这样做的。

在和索罗斯合作时,罗杰斯的勤奋表现得尤为疯狂,在哥伦市环道上的办公室里,他不停地工作,10年的时间没有休过一次假。后来乔治·索罗斯在回忆录中曾经这样写道,罗杰斯一人干了六个人的活儿。

男孩们,当你因为成绩或其他荣誉评选的结果并不尽如人意时,不妨问一下自己:我有没有尽全力?要知道,如今的你们已经非常幸运,你们当中大多数不需要为了生活而过多烦恼,父母为了你们的学习费尽心思,不忍让你们操劳太多的琐事。而事实上,许多历史上的名人都是从小就开始吃苦耐劳,客观环境与现在的男孩完全不可同日

而语。

西点出身的名将艾森豪威尔从小就开始承担许多家务劳动。他家有一块空地，父母在空地上种了不少蔬菜，几个孩子除了要打理这块菜圃，还要等到收获的季节搬运这些菜去城里售卖。对于艾森豪威尔，这些菜贩卖得来的钱可是他和兄弟姐妹的学费。

有一年，艾森豪威尔的弟弟染上了猩红热，家里变得更加忙乱了。他的父母就把另外一件重任交给了艾森豪威尔，那就是为全家人做饭。

在此之前，艾森豪威尔从来没有学过做饭，但父母忙碌得根本没有时间去指导他，于是他从生火切菜一步一步自己摸索，慢慢地他做出来的饭菜好吃起来，一个未成年的孩子居然能把一家人的饭菜做得有模有样，真可谓穷人的孩子早当家。

人的才能不是天生的，是靠坚持不懈的努力，靠勤奋换来的。举世瞩目的科学家史蒂芬·霍金的事迹就是很好的例子。

史蒂芬·霍金1942年1月8日出生于英国的牛津，这是一个特殊的日子，现代科学的奠基人伽利略就是在300年前的同一天去世的。

1962年霍金在牛津读完大学后，转到剑桥读研究生，他的母亲注意到儿子的状况有些异常。于是便让刚过完21岁生日的霍金，在医院里住了两个星期。经过各种各样的检查，他被确诊患上了"卢伽雷氏症"，即运动神经细胞萎缩症。

确证后，大夫对霍金说，他的身体将会越来越不听使唤，只有心脏、肺和大脑还能正常运转，但是到最后，心脏和肺也会失效。他被"宣判"只剩下两年的生命。那是在1963年。

在那以后霍金的病情渐渐加重，起初他看到医生束手无策也曾打算放弃从事研究的理想，但后来病情恶化的速度减慢了，于是他决

送给男孩的第六份礼物：吃苦耐劳的态度

定勇敢地面对这次不幸，重拾心情，排除万难，从挫折中站起来，继续醉心研究。他奇迹般地超越了两年的生命限期。

1970年霍金已无法自己走动，他开始使用轮椅，靠着自己的勤奋努力，当时他在学术上已经声誉日隆。1985年，霍金因肺炎进行了穿气管手术，此后，他完全丧失了说话能力，只能依靠安装在轮椅上的一个小对话机和语言合成器与人进行交谈。

直到去世，霍金都没能离开轮椅。但是他仍然极其顽强地生活着，仍然没有放弃科学研究。看书的时候，他必须依赖一种翻书页的机器；读文献时需要请人将每一页都摊在大桌子上，然后他再驱动轮椅如蚕吃桑叶般地逐页阅读……

霍金一生贡献于理论物理学的研究，被誉为当今最杰出的科学家之一。他的著作包括《时间简史》及《黑洞与婴儿宇宙以及相关文章》。

虽然霍金非常不幸，但他凭着坚毅不屈的意志，勤奋努力的精神，创造了奇迹，证明了残疾并非成功的障碍。他对生命的热爱和对科学研究的热诚，是值得我们学习的。

有许多名人即使从小生活条件优越，也对自己有着非常高的要求，愿意吃点苦头学点真本事。

华盛顿小时候的生活环境还不错，父亲是农场主，但是华盛顿却从未被娇惯得一点儿苦头不能吃。

他16岁的时候就已经成了库尔裴波县的一名测量员，此后的两年中，他为了做到准确的测量，踏遍了美国弗吉尼亚西部当时还未开发的地区，经常在荒无人烟的地方进行长途跋涉，在艰苦的野外环境中学会了不畏辛劳。

正所谓百炼成钢，华盛顿积累的吃苦耐劳的精神给予他未来的事业许多帮助，大陆军总司令和美利坚合众国总统的光环回报了他的努力和坚持。

传说古罗马人有两座圣殿，一座是美德的圣殿，一座是荣誉的圣殿。他们在安排座位时有一个顺序，即必须经过前者的位置才能到达后者的位置。当旅游者问他们为什么时，罗马人会告诉你一句极富哲理的话——勤奋是通往荣誉的必经之路。勤奋是罗马人的成功箴言，也是他们征服世界的秘诀所在。连那些凯旋的将军都要归乡务农。正是因为罗马人推崇勤奋的品质，整个国家才逐渐变得强大。

然而，当财富积累得越来越多，奴隶的数量也日益增多之后，勤奋努力对罗马人变得不再那么必要了，整个国家开始走下坡路。最后，因为懒散，导致整个罗马犯罪横行、腐败滋生，一个有着崇高精神的民族变得声名狼藉。

贪图安逸、无所事事令人退化，没有人能够一生一帆风顺，任何人都可能遭逢困难，勤奋的精神和积极进取、奋发向上的心态会帮助我们解决任何难题；不受百炼、无以成钢的精神能够帮助男孩们成为强者。

西点军校校园

勤奋比天分更重要

西点人相信,上帝永远保佑那些起得最早的人。在西点军校,学员每天都有适当的军事训练和文化知识课程,没有人能够游手好闲或是靠投机来获得荣誉。

懒惰是最大的罪恶,在西点,每个人都明白这个道理,所以每个学员都利用有限的时间学习最多的东西。没有人浪费时间,也没有人闲散偷懒,甚至没有人会容忍偷懒的行为。作为一名军人,勤勉已经变成一种自觉的行为,变成一种责任。

艾森豪威尔在西点军校的四年学习中始终发挥他勤奋刻苦的优点。他不但认真学习军事等方面的专业课程,还对于陆军的习俗、行话和传统都认真花时间了解;他不仅学习步枪和骑马,还学习如何使用火炮,如何架设简单的渡桥以及如何构筑防御工事。无论是地理物理还是化学,他都花费了不少心思去了解。他还花时间去研读军事历史,在内心描绘出军事领袖的特点和形象。

从西点毕业之后,艾森豪威尔花费了大量时间成功创办了第一所美国陆军战车训练营,并因为在工作中的勤奋努力而被推荐加入参谋部,跟随麦克阿瑟做事。

在此之后,麦克阿瑟的魅力深深感染着艾森豪威尔,他追随麦克阿瑟6年之久,并因为其勤奋的工作态度受到麦克阿瑟的赏识,从团长一路晋升至军团参谋长。

艾森豪威尔的工作精神被广泛认可。据说当马歇尔要求美国陆

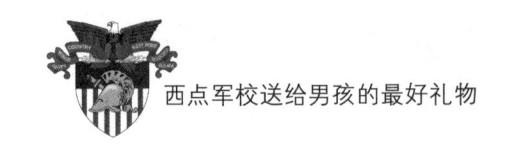

军司令部推荐10名军官作为作战计划处副处长候选人,而司令部推荐的人选中第一名是艾森豪威尔,第二名至第十名都是"同上",大有不让艾森豪威尔晋升不罢休之势。

在作战处,艾森豪威尔的制胜法宝依然是他的勤奋努力,马歇尔再次让他越级提升,先后成为欧洲战区司令和北非盟军统帅,获五星上将军衔,最后成为美国总统。

对于出身贫寒的艾森豪威尔而言,他没有任何政治上的助力或是优于他人的资源,他所依仗的不过是自己的勤奋和天分,而其中勤奋比天分更重要。

从前有个小男孩,非常聪明,但在长久的夸奖声中,他渐渐开始偷懒,想靠投机来获得成功。

这天,小男孩有幸和上帝进行了对话。

小男孩问上帝:"一万年对你来说有多长?"

上帝回答说:"像一分钟。"

小男孩又问上帝:"一百万元对你来说有多少?"

上帝回答说:"相当于一元。"

小男孩对上帝说:"你能给我一元钱吗?"

上帝回答说:"当然可以。请你稍候一分钟。"

凡事皆不是唾手可得,天下没有免费的午餐,即使在上帝那里也是一样,只有通过辛勤劳作,才能获得他想拥有的东西。

辛勤的劳动终究要得到荣誉和回报。然而,我们更应该看到荣誉的背后是一个人长时间心血和汗水的结晶,无论是面临困厄与失败,从不沉沦,毫不气馁,才铸就了今日的辉煌。任何的投机行为都不会带来长久的荣耀,上帝永远只保佑起得最早的人。

如果你不比别人干得更多,你的价值也就不会比别人更高。每个人都希望能被别人认同自己的价值,希望以成功来证明自己,于是就定下远大的志向和目标,而对于自己目前能做的事情却不屑去做。

"生活中有一条颠扑不破的真理,"英国哲学家约翰·密尔说,"不管是最伟大的道德家,还是最普通的老百姓,都要遵循这一准则,无论世事如何变化,也要坚持这一信念。它就是,依靠勤奋努力而比别人学得多一些,知道得多一些,然后进行各种尝试,为社会为自己做得多一些。"

爱迪生有这样一句举世闻名的名言:"天才是百分之一的灵感加百分之九十九的汗水。"

爱迪生23岁时创办工厂,招募了一批工程师、工匠,层出不穷地推出各种电气发明,这些人都热爱自己的工作、迷恋自己充满创造力的头脑和双手,都是工作狂,而爱迪生却是"工作狂中的工作狂",一个"超级工作狂"。

爱迪生每天的睡眠时间常常不到4个小时。他的办公桌就在车间一角,每当完成一项发明,他就站起来,跳起非洲大陆的原始舞,嘴里还念念叨叨:"这么简单的解决办法,怎么原来没想到。"

这已经成了一种标志、一种信号,工人们一看到老板跳舞,就围过来,他们知道又有新鲜事可做了。订单像雪片一样飞来,在不断增加人手的情况下还要日夜开工。工人们没有抱怨,共同的兴趣在他们和爱迪生之间建立了友谊,何况这个不吝惜金钱的老板经常用金钱奖励他们。

爱迪生一生中有大大小小的发明无数件,曾有人惊诧:"这个神人不需要睡觉吗?"事实上,他恐怕除了睡觉大多数时候都在折腾各种发明创造。

男孩们,当你们解不出难题成绩提高缓慢时,或许会自怨自艾道:"要是我的脑子能像爱迪生那样聪明就好了。"不可否认,爱迪生是一

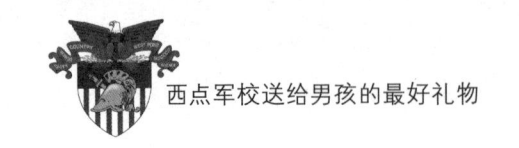

个天才人物，但是遇到困难时，或许我们应该先问一问自己："我有做到像爱迪生那样勤奋吗？"

勤奋刻苦，主动地去寻找困难，解决困难，比别人多想一步，多做一步，往往这一步就能迈向成功。

富兰克林也是一位勤奋刻苦的实干家。在学习印刷知识时，他总是反复琢磨相关的专业技术，将技术背后的理论知识搞得十分透彻才肯罢休。

无论在哪家印刷所打工，他总能够凭借实力成为领高薪的工头，但他仍然不会自满，而是不断和其他技术员切磋讨论，不断地努力改进自己的技术水平。

富兰克林在上班时间以高效率著称，下了班他也从不懈怠，而是抓紧时间读书。他通过在印刷所上班的便利，博览群书、笔耕不辍，使他除了是一位极其娴熟的印刷技师以外，很快成为一名同样出色的写手。

他用自己挣的钱买机器设备，筹办自己的印刷所。创业初期，他插手印刷所和报纸的一切事务——撰稿、编辑、策划广告、排字、印刷、修理设备……那些简陋的印刷机难免出一些故障，他就是通宵达旦地工作也要争取解决故障，按时完成业务。

很长一段时间，他没有时间去娱乐场所，没有时间和人闲聊，没有时间钓鱼打猎，甚至没有时间去倒腾热腾腾的饭菜给自己吃，而是每天干面包加白水充饥。

成功没有理由不光顾像富兰克林这样拼搏努力的年轻人，工匠的儿子从成为小工匠，再到后来成为著名的作家、发明家、政治家……富兰克林的成功道路绝不是依靠一点小聪明或是投机取巧。

美国人选择富兰克林作为百元美钞的头像可谓明智之极，宣扬了美国人鼓励勤奋努力的草根英雄的理念。

送给男孩的第六份礼物:吃苦耐劳的态度

我们看到许多名人的荣耀是建立在长久勤勉的基础上。就算是生来拥有一切的人,如果不通过勤奋好学积累经验和知识,也会守不住父辈留下的财富,这样的例子不胜枚举。而对于生来没能拥有很多东西的孩子而言,自怨自艾不能够帮助你一丝一毫,为何不能学习西点军校勤奋好学的精神改变自己的生活?

让我们赞美勤奋的态度和实干精神吧!成千上万的人雄心勃勃想要成功,但是真正最后成功了的却少之又少,为什么?就是因为许多人把成功的想法仅仅停留在了想法上,而没有通过勤奋努力把它变为现实。

不要再拖延了!一旦有了好的主意就放手去干吧,千万别错过了机会。仅仅停留在你头脑里的想法是永远不能帮助你成功的。只有你去做了,去工作,去努力把你的想法变成现实,那你才可能成功。

西点军校校园一角

拖延导致平庸，行动成就卓越

西点军校非常强调行动力，抵制学生拖拖拉拉的行为。学生不允许迟到，不允许逾期完成任务，一切行为令行禁止。为了营造良好的速战速决的氛围，西点军校老师也不被允许拖堂，总之任何理由的拖延都必须杜绝。

五星上将布拉德利有一次在获奖时，发表演说表示："西点军校反复鼓励学员提高行动力，坚决制止学生拖拉懒散的行为。"

西点军校创造了一个理想的教育环境，在这个环境中，学员并不是随随便便、无论什么时候想在图书馆都行，他必须在规定的时间里尽最大努力做完规定的事。他必须做到今日事今日毕，绝不能将任何应该今天完成的事情拖到第二天。

"绝不将今天的事情拖到明天"的要求，使学员自觉适应军校生活、自觉完成规定课程、自觉提高自己的意识明显增强。在西点军校，每个学员都有责任了解军官基本素质培训的标准，并严格按规划要求达到这个标准。

在第一学年里，学员要熟悉 4 年教育计划的主要条款。不同教育组织者要与学员共同研究具体落实目标。比如军事教育计划，包括战术教官将在每个学期中与学员具体探讨和实施的问题都被列在其中。

学员要正确估价自己的信念、价值、信仰和人生观，进行合理的自我评价，对要达到的目标和标准作出承诺。在第二学年，学员就需要

送给男孩的第六份礼物：吃苦耐劳的态度

开始承担一定的责任和领导职务，比如在野外训练中担任上士、副班长、营区值日员等，他们的任务常常需要管理下一届学生，因此做事干净利落毫不拖延是基本守则，否则给下一届学员做了不好的榜样也将被扣纪律点数。

高年级的学员增加了不少特权，特别在管理低年级学员的问题上。但是更多的权利反而意味着更多的责任，因此高年级学员反而更加懂得自我约束和纪律的重要性。他们对于个人负责的事情必须毫不含糊，对需要达成的目标必须毫不马虎。他们深知"拖延导致平庸，行动成就卓越"，对待任务他们应该表现出军人的干净利落，不拖延，迅速展开行动。

两百多年来，西点军校一直保持着列队的传统。如下就是常见的西点军校列队的情境：

中午11点55分，或许天气炎热，哈德逊河也无法带来丝丝凉意；或许天气寒冷，哈德逊河畔北风呼啸。这时校园的喇叭里传来："所有学员请注意：5分钟内集合，进行午间操练。请在野战夹克里面套上作战服。"

巨大的阅兵场上因为矗立着若干雕像而显得庄严肃穆，乔治·华盛顿将军的塑像俯临阅兵场，艾森豪威尔、麦克阿瑟的雕像挺立两侧。几座方正朴实的石头建筑是兵营，它们分别以布雷德利、李和潘兴等名将命名。

"离午间操练的集合时间还有4分钟。"营房里的新生站立着，严阵以待，计算着离规定的餐前集合还有几分钟。在营房的过道，每隔50英尺就有钟，看时间很方便。

学员们迅速涌向营房之间铺着柏油的大操场。"站好队！"一声令下，一群松散的人顿时排成整齐的队形——每个方阵是一个排，四个排组成一个连，四个连编成一个营，而两个营编为一个团。"立正！"所

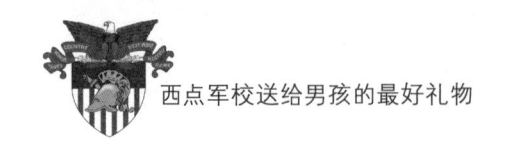

有目光立即望向前方。

　　列队是西点的必修课。可以称为点名的简单操练：从排长开始一级级向上汇报到队学员的数目。当然，列队的意义远不止于此。学员们以此种方式聚在这里，两百年来始终如一。

　　解散令下，学员开始列队前进。队列看上去是编排好的——士兵们分12列从各个方向整齐地快步走出操场。几分钟后操场上空无一人。数千学员消失无踪，操场上一片寂静。真是一次极不可思议的操练，时间掐得刚刚好。

　　西点人都有着强烈的时间观念，绝不迟到、绝不拖延。任何不遵守时间的举动都将可能造成不可收拾的恶果。

　　"绝不拖延任何事情"，这是严格的军人准则，也是战争需要的准则。迅捷、及时、准确，是军事活动中最宝贵的概念。就作战来说，快速准确，才能出其不意，攻其不备，使敌人措手不及；才能把握战机，争取主动，稳操胜券。

　　拿破仑的滑铁卢战役，如果增援部队按计划到达，欧洲的历史就很可能重写。一个偶然的失误，改变了历史进程，从另一个方面说明了快速准确、雷厉风行的军事意义和政治意义。

　　著名的埃克森—美孚石油公司把"绝不拖延"也列为公司员工的一条重要行为准则。

　　在"绝不拖延"理念的指导下，埃克森—美孚石油公司创建了效率速度部。这个创意来自一级方程式赛车(F1)，这一世界顶级赛事完美地诠释了"速度"的价值。

　　创意人约翰·丹尼斯也十分强调"绝不拖延"的理念。在他的办公室数字墙上，你可以看到这样几句话：

　　绝不拖延！

送给男孩的第六份礼物：吃苦耐劳的态度

如果我拖延下去,我将会怎么样?

如果将工作拖到以后再去做,那么会发生什么?

有一次,约翰·丹尼斯和他的一位副手到公司各部门巡视工作。下午时分到了休斯敦一个区加油站,约翰·丹尼斯却看见油价告示牌上公布的还是昨天的价格,而不是严格按照总部的即时调价指令,根据最新指令,每加仑油价已经下调了5美分。

约翰·丹尼斯立即让助手找来了加油站的主管弗里奇。他非常恼火地指着报价牌大声说道:"弗里奇先生,你大概还熟睡在昨天的梦里吧!要知道,你的拖延已经给我们公司的荣誉造成很大损失,因为我们收取的单价比我们公布的单价高出了5美分,如果你是我们的客户,稍后发现这样的结果会怎样想?我想或许你会贬低我们的管理水平,嘲笑我们的诚意,甚至到处传播让更多的人不选择我们的加油站!你现在这样拖拖拉拉的行为会使我们的公司被传为笑柄。"

意识到问题的严重性,弗里奇先生连忙说道:"是的,我立刻去办。"

看见告示牌上的油价得到更正以后,约翰·丹尼斯总算心情好了一些,说道:"如果我告诉你,你的裤腰带断了,难道你还会拖延吗?我想你当然会立即去做,否则出丑的只能是你自己。你现在做事拖拖拉拉,就等于让我们的公司出丑。正在和我们竞争财富排行榜第一把交椅的沃尔玛超市同样信奉快速反应从不拖延的决心,你必须牢记。"

拖延带来的麻烦经常是可大可小,而养成了拖延习惯则是成功道路上的大忌。

我们每个人或多或少都存在着——拖延——这种不良习惯。我们总是因为拖延时间而造成的结果懊恼不已,但是却转眼把教训和懊恼抛之脑后,在下一次遇到类似的情况时,又会惯性地拖延下去。

拖延是一种危害成功与发展的恶习,是可怕的精神腐蚀剂。试想

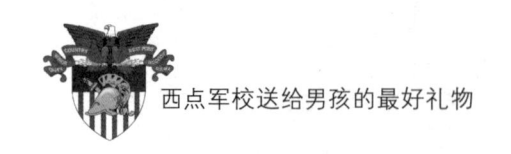

一下，你如果拖延了一件事，那必定就占用了之后处理其他事情的时间，如此积累，你将拖延多少事，浪费多少机遇，造成多大的损失呢？不仅如此，拖延的习惯还会滋长人的惰性，一旦产生了惰性，人便失去了前进的动力。

拿破仑因为迟到了一分钟而导致兵败滑铁卢，我们又会因为拖延失去什么呢？

绝不拖延就意味着高效率的工作，是在相应的时间处理相应的事。拖延是一种顽固的恶习，但绝不是不可改变的天性。一旦你摒弃了拖延的坏毛病，那你就等于成功了一半。

世界织布业的巨头威尔福莱特·康，在他为事业奋斗了大半辈子、别人都以为他已功成名就时，他总感觉到自己生活中缺了点什么东西似的，他想起了自己儿时的梦想——画画。

小时候，他曾梦想成为一名画家，但种种原因，他已经数十年未能拿起画笔了。现在去学画画还来得及吗？能抽出时间吗？思前想后，他决心要圆这个梦想，他计划每天从百忙中抽出一个小时来安心画画。

威尔福莱特·康是个有毅力的人，他真的坚持了下来，多年以后他在画画上也得到了不菲的回报——多次成功举办个人画展，油画十分惹人喜爱。

威尔福莱特·康谈起自己在画画上的成功时说，"过去我很想画画，但从未学过油画，我曾不敢相信自己花了力气会有很大的收获。然后我痛下决心，不再拖延自己的梦想，我想我应该能做到每天抽一小时来画画。"

作为一个大企业的负责人，要做到这一点是很不容易的。威尔福莱特·康为了保证这一小时不受干扰，唯一的办法就是每天早晨5点前就起床，一直画到吃早饭。

送给男孩的第六份礼物：吃苦耐劳的态度

威尔福莱特·康后来回忆说，"其实那并不算苦，一旦我决定每天在这一小时里学画，每天清晨这个时候，渴望和追求就会把我唤醒，怎么也不想再睡了。"

他把楼顶改为画室，几年来他从未放过早晨的这一小时，而时间给他的报酬也是惊人的。他的油画大量在画展上出现，他还举办了多次个人画展，其中有几百幅画以高价被买走了。他把这一小时作画所得的全部收入变为奖学金，专供那些搞艺术的优秀学生。

"捐赠这点钱算不了什么，只是我的一半收获；从画画中我所获得的启迪和愉悦才是我最大的收获！"

男孩们，你们是否也常常有拖拖拉拉，不到最后一秒不愿意面对任务的习惯呢？

暑期作业总是留到最后一个星期去冲刺；平时作业做不完只能第二天早自习去抄；为自己设定的冲刺计划总是连三分之一都做不到；想要做成的事情往往半途而废……我想每个男孩或多或少遇到过这样的情况。

哪些原因会导致这种拖延现象的存在呢？

有时候你们不愿意立即面对作业或许是因为缺乏信心，作业太多太难了，看着就头疼辛苦，不如先休息一下再做。结果拖延到后面更加来不及做。

有时候你们只是非常讨厌去做这件事情，这件事情让你很不愉快，因此逆反得不想去碰触这个问题。

还有时候，或许你们已经滋生了惰性，养成了拖延的恶习，遇到作业不拖拖拉拉到最后一刻几乎不可能。

无论是以上哪一种状况，你们都需要问自己一个问题："这件事情是必须去做的吗？如果现在不做，会不会对我产生长期的恶劣的影响？"我想答案常常是肯定的。这些都是你必须去做的事情，而且必须

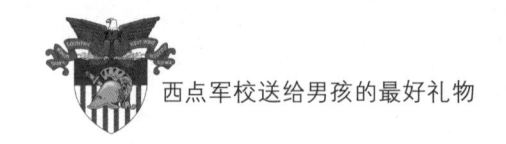

做得及时做得好。既然如此,为什么男孩们不鼓起勇气去面对呢,有时候当你调整心态迎接挑战时,会发现问题并不如想象的难,合理安排时间,决不拖延,立即去做,任何时间都不晚。

记得富兰克林精辟地说过这么一句话:"**成功与失败的分水岭可以用这几个字来表达——我没有时间。**"每个人每天都有同样多的时间,成功人士的秘诀在于总能为自己"挤出"所需要的时间,平庸之辈则总是"没有"时间。拖延导致平庸,行动成就卓越。男孩们,你们希望成为平庸之辈还是创造卓越成绩呢?

西点军校校园一角

积极乐观，主动出击

西点军校的教官在教授学生击剑时告诉他们："不要假设自己手中的剑要是再长一点，你就能够击败对方了。事实上，无论你的剑有多长，如果你不能够主动进攻，都是无济于事的。记住只要你向前进一步，那么你的剑自然就变长了。"

我们常常为自己设立目标，但是真正成功的人却不多。正如同美国哈佛大学人才学家哈里克说的那样："世界上有93%的人都因有了目标却没有主动出击而一事无成。"

曾经看到过一个擦皮鞋的小男孩的故事，颇有启发意义。

休斯·查姆斯在担任"国家收银机公司"销售经理期间曾面临着一种最为尴尬的情况：公司的财政发生了困难。这件事被在外头负责推销的销售人员知道了，并因此失去了工作的热忱，销售量开始下跌。到后来，情况更为严重，销售部门不得不召集全体销售员开一次大会，全美各地的销售员皆被召去参加这次会议。查姆斯先生主持了这次会议。

首先，他请手下最佳的几位销售员站起来，要他们说明销售量为何会下跌。这些被唤到名字的销售员一一站起来以后，每个人都有一段最令人震惊的悲惨故事要向大家倾诉：商业不景气，资金缺少，人们都希望等到总统大选揭晓后再买东西，等等。

当第五个销售员开始列举使他无法完成销售配额的种种困难时，

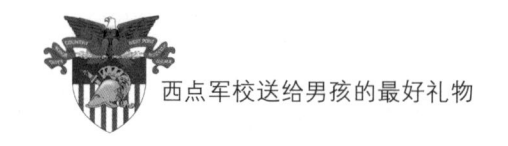

查姆斯先生突然跳到一张桌子上,高举双手,要求大家肃静。然后,他说道:"停止,我需要让大会暂停10分钟,因为我看到我们的擦鞋匠已经静静等候很久了,我想我需要把我的皮鞋擦亮。"

然后,人们就看到演讲台边站着一位黑人小工友拿着全套的擦鞋工具,静静地等候在一边。

查姆斯就站在桌子上不动,小工友走上前去细致而又专业地擦拭他的鞋子,不慌不忙,展现出一流的技巧。人们开始窃窃私语,既认为查姆斯有些奇怪,又感叹于小工友的态度。

皮鞋擦亮之后,查姆斯先生给了小工友擦鞋费用外加小费,然后继续发表他的演说:"我希望你们每个人,好好看看这个小工友。他拥有在我们整个工厂及办公室内擦鞋的特权。他的前任是位白人小男孩,年纪比他大得多。尽管公司每周补贴他5元的薪水,而且工厂里有数千名员工,但他仍然无法从这个公司赚取足以维持他生活的费用。"

"这位黑人小男孩不仅可以赚到相当不错的收入,既不需要公司补贴薪水,每周还可以存下一点钱来,而他和他的前任的工作环境完全相同,也在同一家工厂内,工作的对象也完全相同。"

"他们的区别在哪里?如果你们仔细回忆的话,应该能够发现,前者总是坐等机会上门,而后者则是主动出击去了解你们的需求,获得生意机会。你们吃饭、聊天、进出大门的地方,总是能够看到这位小工友拿着全套工具,态度诚恳地静静地等候在一边,提醒你们注意到自己需要良好的仪表,为了保持自己的体面,或许你们需要马上擦拭一下自己的皮鞋。现在我问你们一个问题,那个白人小男孩没有得到更多的生意,是谁的错?是他的错,还是顾客的?"

那些推销员不约而同地大声说:"当然了,是那个小男孩的错。"

"正是如此。"查姆斯回答说,"那么你们也是一样,你们现在推销收银机和一年前的情况完全相同:同样的地区、同样的对象以及同样

送给男孩的第六份礼物：吃苦耐劳的态度

的商业条件。但是，你们的销售成绩却比不上一年前。这是谁的错？是你们的错，还是顾客的错？"

同样又传来如雷般的回答："当然，是我们的错。"

"我很高兴，你们能坦率承认自己的错。"查姆斯继续说，"我现在要告诉你们。你们的错误在于，当你们听到了有关本公司财务发生困难的谣言，就影响了你们的工作热忱，你们不再主动出击去寻找机会，而是把时间浪费在了各种猜测与惶惶不安之中。改变就从现在开始……"

事实上，这家公司果然很快重新提振了销售业绩并因此自然而然地走出了财务危机。

故事中的男孩从不被动等待机会上门，而是把握关键要素，主动出击。他放弃了一些休息的时间，以专业的姿态等候在人们需要关注自己的仪表的一些场合，于是获得的收入大大超过他的前任，并得到企业管理者的认可。

西点军校的校园一景

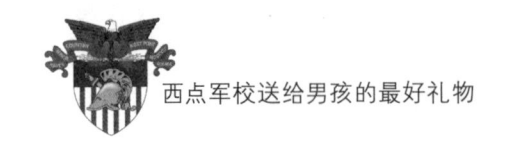

对这样的人来说，在当时的社会环境的制约下，虽然工作的起点并不高，但随时有可能获得一个改变自身命运的机会。

正如心理学家兼哲学家威廉·詹姆士所说："种下行动便会收获习惯，种下习惯便会收回性格，种下性格便会收获命运。"这一切都是从行动开始的。立即行动，从今天开始，从现在开始，这就是成功的秘诀。

任何时候，如果你有了好的想法，就请用行动来实现它，而不要只把它停留在你的心中。想法再好终究是空中楼阁，只有通过执行这个计划才能帮助它逐渐成为现实。

更何况，世界从不会停下来等任何人，如果你确立了目标，拟订了计划，那就付诸行动吧，因为我们知道，成功只青睐于善思而力行的人。霍勒斯·格里利曾说："做事的方法就是马上开始。"

成功人士始终把主动出击作为核心的行为准则，并且总是能够保有最大程度的积极乐观的态度前进。

一位名叫希瓦勒的乡村邮递员，每天徒步奔走在各个村庄之间。有一天，他在崎岖的山路上被一块石头绊倒了。

他发现，绊倒他的那块石头样子十分奇特。他捡起那块石头，左看右看，有些爱不释手了。

于是，他把那块石头放进自己的邮包里。村子里的人看到他的邮包里除了信件之外，还有一块沉重的石头，都感到很奇怪，便好意地对他说："把它扔了吧，你还要走那么多路，这可是一个不小的负担。"

他取出那块石头，炫耀地说："你们看，有谁见过这样美丽的石头？"

人们都笑了："这样的石头山上到处都是，够你捡一辈子。"

回到家里，他突然产生一个念头，如果用这些美丽的石头建造一座城堡,那将是多么美丽啊!

后来,他每天在送信的途中都会找到几块好看的石头,不久,他便收集了一大堆。但离建造城堡的数量还远远不够。

于是,他开始推着独轮车送信,只要发现中意的石头,就会装上独轮车。

此后,他再也没有过上一天安闲的日子。白天他是一个邮差和一个运输石头的苦力,晚上他又是一个建筑师。他按照自己天马行空的想象来构造自己的城堡。

所有的人都感到不可思议,认为他的大脑出了问题。

二十多年以后,在他偏僻的住处,出现了许多错落有致的城堡。有清真寺式的、有印度神教式的、有基督教式的……当地人都知道有这样一个性格偏执、沉默不语的邮差,在干一些如同小孩建筑沙堡的游戏。

1905年,法国一家报社的记者偶然发现了这群城堡,这里的风景和城堡的建造格局令他慨叹不已。为此写了一篇介绍希瓦勒的文章。文章刊出后,希瓦勒迅速成为新闻人物。许多人都慕名前来参观,连当时最有声望的大师级人物毕加索也专程参观了他的建筑。

现在,这个城堡已成为法国最著名的风景旅游点。它的名字就叫作"邮递员希瓦勒之理想宫"。在城堡的石块上,希瓦勒当年刻下的一些话还清晰可见。

有一句就刻在入口处的一块石头上:"我想知道一块有了愿望的石头能走多远。"

据说,这就是那块当年绊倒过希瓦勒的第一块石头。

这个故事中的乡村邮递员不仅有了想法就主动出击,更难能可贵的是他始终所秉持的是一种乐观积极的正能量的思维。他没有因为目标艰巨辛苦而放弃,也没有因为别人暂时的不理解而失去信心。乐

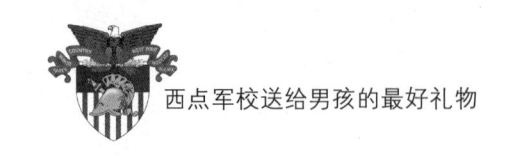

观让一个人即使面对辛苦的境遇也能够用正能量来积极应对,主动出击让一个人总是能够把握生活与学习的控制权。

现代社会的孩子普遍有些经不起挫折,而男孩的家长们更是希望磨炼孩子的意志,给予孩子必要的挫折教育,其实本质上就是希望孩子能够拥有积极乐观、正面思考问题、自动自发的奋斗一种生活态度。

西点军校所倡导的生活态度同样如此。对于一个军人来说,只有接受命令,完成任务,而没有权力对恶劣的条件抱怨或是自顾自沉浸在对困境的担忧之中。而对于一个面临困境急于摆脱的人来说,环境不可逃避,唯有面对这一切。

许多时候,我们不能改变世界,但是我们能够改变自己的心态,以自动自发、积极热情的心态来面对一切。态度一旦改变,心也会随着改变,正如同西点人常说的:当你微笑地看着世界的时候,世界就是阳光灿烂的。

美国陆军在沙漠里训练,一名军人的妻子随军来到沙漠。但是她十分不喜欢这里,就给她的爸爸妈妈写了一封信,后来,她的妈妈给她写了回信。在信中妈妈给他讲了两个犯人,在狱中一个看到了天上的星星,一个看到的是地上的泥土。

读了妈妈的信后,这个军人的妻子立刻恍然大悟。从此,她变了态度。她虽然不能和沙漠的土著人用语言沟通,但她用手势和他们交流,还把饼干等送给土著居民,土著居民也把一些贝壳送给她。她感到十分快乐,回到美国后,她举办了贝壳展览,还写了一本书,书名就是《快乐的城堡》。

沙漠还是原来的沙漠,土著居民还是原来的土著居民,这些客观的环境都没有变,但是心态变了,快乐也就来了,可见心态决定成功。

送给男孩的第六份礼物：吃苦耐劳的态度

如果眼光仅仅盯住地上的泥土，你将错过美丽的星空。很多时候，事情并没有改变，我们只需要改变我们所关注的焦点，改变我们的心态，一切都将不同。

积极主动才能适应变化多端的现实社会，消极被动只会让你沉溺于困境之中。西点军校要求每一位学员都能够做一个坚强乐观的人，唯有坚强乐观的人才能在严峻的环境下依然前行。

每个人都需要有一颗乐观坚强的心。从现在开始，积极调整你的心态，以一种自动自发的态度来对待一切，哪怕是你不喜欢或是不愿意去做的。不久，你就会发现，你的世界正在改变，因你的自觉自愿、乐观积极而变得更加美好。

西点军校的校园一景

方法和努力同样重要

尽管现在的男孩很需要吃苦耐劳的态度和百炼成钢的承受力,但是盲目的埋头苦干,不讲究方式方法也并不可取。很多时候,方法比付出更多的努力更有效。打个比方来说,很多人都喝过玻璃瓶的啤酒或是汽水吧。平时我们都是拿什么开瓶盖的?是起子。当我们没有起子的时候,花费很大的力气,用钥匙撬、用牙咬、用桌角磕,费了好大的力气,却依然很难打开瓶盖。起子只是一个小小的工具,却是我们开瓶盖的最好帮手,它是一种方法,能帮助你轻而易举打开瓶盖,但如果方法不对,你花费了很多努力,可能结果也并不理想。

在这一点上,中国的学生往往比较被动,因为从小受到的监督管理比较多,所以很多学生遇到事情就会习惯于等家长、老师拿主意。

长此以往,男孩们一方面容易畏惧问题,因为已经习惯了长辈操办一切;另一方面则可能放弃了对自己的了解,并且对自己没有充分的自信心,不懂得去主动发现问题。很多时候,要找到解决问题的方法,需要的就是不畏惧问题的决心和主动去发现问题的信心。

畏惧问题是人们一种正常的情绪,因为对未知的不确定、臆想、猜测等,人们自己造就了这种情绪。

对未成年的男孩来说,就更是如此。在面对困难问题的时候,出于各种原因,对于失败无法忍受,对于可能遇到挫折产生逃避的心态,这些都源于对问题本身所产生的一种畏惧心理。因为畏惧问题,所以开始寻找畏惧的理由,不断说服自己问题是多么巨大,情况是多么艰难，所以不可能找到解决问题的良方，这样我们的畏惧就变成是正常而合理的。

但是，对于这种畏难心理，若男孩懂得如何去控制它们、驱除它们，它们就会自动离开你的内心；反之，你越觉得它们都是真实存在的难以克服的困难。

20世纪50年代初，美国某军事科研部门着手研制一种高频放大管。科技人员都被高频率放大能不能使用玻璃管的问题难住了，研制工作因而迟迟没有进展。后来，由发明家贝利负责的研制小组承担了这一任务。上级主管部门在给贝利小组布置这一任务时，鉴于以往的研制情况，同时还下达了一个指示：不许查阅有关书籍。

经过贝利小组的共同努力，终于制成了一种高达1 000个计算单位的高频放大管。在完成了任务以后，研制小组的科技人员都想弄明白，为什么上级要下达不准查书的指示？

于是他们查阅了有关书籍，结果让他们大吃一惊，原来书上明明白白地写着：如果采用玻璃管，高频放大的极限频率是25个计算单位。"25"与"1 000"，这个差距有多大！

后来，贝利对此发表感想说："如果我们当时查了书，一定会对研制这样的高频放大管产生怀疑，就会没有信心去研制了。"

在更多面对困难和挑战的时候，我们不是输给了困难本身，而是输给了自身对困难的畏惧。不要被困难吓倒，用平常心来对待，往往能把问题解决得更好。

面对问题，男孩们不应当畏缩，不应当逃避，而应该正视问题，将问题的相关细节都研究清楚，将问题的本质找出来，开动自己的脑筋，寻找更多的解决之道。

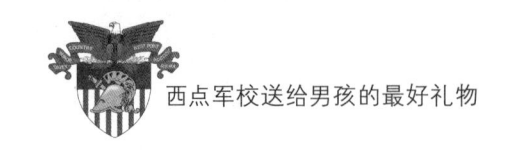

曾经有一段时间,美国各大新闻媒体竞相报道了这样一件事:一位名不见经传的学生,利用他的智慧和执著精神,创造性地解决了旧金山市政当局悬赏1 000万元美元久而未决的旧金山大桥堵车问题。

旧金山大桥堵车的情况十分严重,但是却迟迟没有得到解决。许多人不断抱怨。

据报道,该青年的成功主要得益于掌握科学的研究方法和解决实际问题的能力。经过细心的观察和缜密的调查,他发现了久而未决的旧金山大桥堵车现象不但具有上下班高峰时段的时间性,而且还具有上班时段进城方向发生堵车和下班时段出城方向发生堵车的方向性特征,从而追根寻源找到了同时发生时间性和方向性特征堵车问题的根本原因是"市郊居民上下班的车流太大"。最后他创造性地采用可改变"活动车道中间隔栏"的方法,巧妙地改变上班时段"活动车道中间隔栏",使进城方向四个车道变为六个车道,出城方向四个车道变为两个车道,下班则反其道而行之,把问题轻而易举的以最小的代价圆满地解决了。

这位学生解决交通问题的方法无疑是有效且代价相当小的。这就是找对方法的作用。当我们面对类似的问题,或许我们想得最多的就是一定要解决堵车问题,我们可以不惜代价再造一座大桥。这不失为一个方法,但是却并非最好的方法,当这位学生不畏惧问题,并且勇于去主动发现问题的时候,一个简单易操作的解决方案就这样产生了。

方法和努力同样重要,这一点也是西点军校所倡导的精神。

经过海湾战争,美国军方认为在战争状态下士兵的"生存能力"比"作战能力"更为重要。因此,一种被称为"埃布拉姆"式的M1A2型坦克开始陆续装备美国陆军,这是一种新型的坦克,防护装甲是当今世界最坚固的,这种装甲可以承受时速超过4 500公里、单位破坏力超过

135万公斤的打击力量。这样品质优秀的防护装甲是如何研制出来的呢?

这种坦克防护装甲的研制者之一是乔治·巴顿中校,他是美国陆军中最优秀的坦克防护装甲的专家之一。在他接受研制M1A2型坦克装甲的任务之后,就立即找来了一位"冤家"做搭档——毕业于麻省理工学院的著名破坏力专家麦克马次工程师。两人各带领一个研究小组开始工作,所不同的是,巴顿带的是研制小组,负责研制防护装甲;麦克马次带领的则是破坏小组,专门负责摧毁巴顿已经研制出来的防护装甲。

就在这一次次的这种近乎疯狂的"破坏"与"反破坏"试验中世界上最坚固的坦克诞生了,巴顿与马次这两个技术上的"冤家"也因此而同时获得紫心勋章。

巴顿中校领奖时说道:"在进行研发时,出现问题并不可怕的,最可怕的是不知道问题出在哪里。于是,我们英明地决定请麦克马次做我们的'欢喜冤家',通过他的智慧尽可能地激将,帮助我们找到问题,从而更好地解决问题,这方面他真的很棒,帮了我们大忙。"

虽然说发现问题并不等于解决了问题,我们也并不期许所有的问题被发现和提出时,就是完善的、完美的。问题的解决有待社会的发展,个人能力的提高。但是不可否认,有了发现才能有所认识,提出问题才可能解决问题,发现问题是解决问题的第一步,也是重要一步。

成功永远属于那些能够及时发现问题的人,男孩们必须首先改变那种逃避问题或是等问题暴露了,迫切需要解决了才去想办法的观念,在过程中主动寻找问题,将其消灭在萌芽状态。

美国总统罗斯福再次参加竞选时,竞选办公室为他制作了一本宣传册,发放给记者和选民,为竞选造势。在这本册子里有罗斯福总统的相片和一些竞选信息。

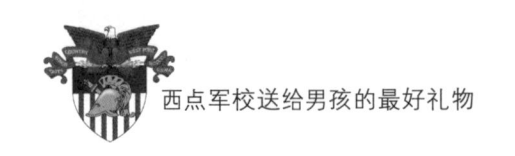

接着成千上万本宣传册被印刷出来。

但就在这些宣传册印刷完毕,即将分发的时候,竞选办公室的一名工作人员,在做最后的核对时,突然发现了一个问题:宣传册中有一张照片的版权不属于他们,而为某家照相馆所有,他们无权使用。

竞选办公室陷入了恐慌,手册分发在即,已经没有时间再重新进行印刷了,该怎么办?如果就这样分发出去,无视这个问题,那家照相馆很可能会因此索要一笔数额巨大的版权费,也会对罗斯福的总统竞选造成负面影响。

有人立刻提出,派一个代表去和照相馆谈判,尽快争取到一个较低的价格购买到这张照片的版权。这是大多数人遇到相同问题时最可能会采取这样的处理方式。但竞选办公室选择的却是另一种方式。

他们通知了这家照相馆:竞选办公室将在他们制作宣传册中放上一幅罗斯福总统的照片,贵照相馆的一张照片也在备选的照片之列。由于有好几家照相馆都在候选名单中,竞选办公室决定将这次宣传机会进行拍卖,出价最高的照相馆将会得到这次机会。

结果,竞选办公室在两天内就接到了该照相馆的投标书和支票。在最后,竞选办公室不但摆脱了可能侵权的不利地位,甚至还因此获得了一笔收入。

在这里我们可以发现,竞选办公室所采取的方式十分特别,另辟蹊径,将主动权握在自己手中,让照相馆反过来有求于己,这样的解决方法,比同照相馆就照片使用权问题进行谈判所获得的结果要好很多。但是,在此我们同样应该关注到那位发现问题的人。试想,如果没有及时发现照片的版权问题,而是等到已经分发出去才发现或是由照相馆提出索赔才发现,这样的情况都会糟糕很多。没有时间想更好的方法解决问题,疲于应付各种麻烦,为罗斯福带来负面影响……各种危机都会涌现。

送给男孩的第六份礼物：吃苦耐劳的态度

正是因为及时发现了问题，才为问题得以解决提供了机会和时间。很多人并不愿意主动去发现问题，当问题尚未显现的时候，想当然地认为"没有问题"。但这真的就代表没有问题了吗？其实不然，在许多情况下，"没问题"并不代表问题真的就不存在，没有问题恰恰才是最大的问题。它代表了问题的潜在可能性，代表了一旦问题爆发，需要解决的迫切性，也代表了我们所遇到的困难将越大。

人人都有一双能够发现问题的眼睛，区别在于你是否有心去发现，是否有"问题意识"。男孩们，试着睁开你发现的眼睛，带着探索和观察的目光去发现周围的问题，或许它就是你成功的起点。

西点军校学员列队出操

健康的精神
需要健全的体魄

据说最早在西点军校大力推广体育锻炼和运动节目的是西点最著名的五星上将校长麦克阿瑟。当时他提出了**"每个军校学生都是运动员"** 的口号，他认为，体育锻炼能够培养西点学生坚忍不拔的性格、自我控制和快速反应的能力。1915年西点毕业生，美国五星上将布雷德利曾经说过："我的自我约束能力得益于长期进行长跑所锻炼的耐力。"

甚至有人认为，西点军校在体能上的关注度是和美国常春藤名校最大的区别，因为那些常春藤名校常常不可避免弥漫着一些颓废消极的情绪，但是在西点军校，所有学生必须是体能良好、性情积极的年轻人。不管学生文章多么有文采，学习成绩有多好，如果体能不达标就进不了西点军校；如果为人颓废放荡，则绝对没办法在西点熬到毕业。

健康的精神需要健全的体魄，这是西点军校所信奉的格言。

西点军校4年的学习中，体育训练贯穿始终。所有学生都需要修习：体育原理知识课程、身体素质基础训练课程、运动技巧课程等，并且需要在4年中参加各种大大小小的体育赛事。

西点军校的各种体育运动都由专门的机构组织，涉及的面非常广泛：曲棍球、网球、垒球、橄榄球、足球、篮球、拳击、手球、游泳、排球、摔跤，还有各种类型的跑步诸如短跑、越野跑和马拉松，等等。

送给男孩的第六份礼物：吃苦耐劳的态度

西点基于其学生体能优势，当然经常参加各式各样的校际体育比赛，在31项校际体育赛事中，西点有二十几项处于绝对的领先地位。也正因为这样，西点学生尤其重视体育赛事的结果，视此为他们荣誉感的重要象征。

每当西点有校际重要的体育赛事时，西点上下都会如临大敌。漂亮的女子拉拉队，坦克车、骡子（美国陆军吉祥物）、老式的大炮都有可能会搬上赛场进行造势，有时甚至连军校的直升机都会来压场子助威。赛事进行到暂停或休息时，会有大量的西点学生冲进体育场内，集体做俯卧撑，用此起彼伏的气场试图让对手感到胆寒。

说起西点军校的校际体育赛事，最为西点重视的赛事却是他们并不算非常擅长的橄榄球。之所以如此重视，一方面是因为橄榄球是美国最受欢迎的体育运动，另一方面则是因为西点和美国海军橄榄球队有着历年的宿怨。

由于美国空军本身就是从陆军中分化出来的，因此本质上他们比较亲近，因此在陆军眼中，除了美国海军，就没什么其他永恒的敌人了。

每年西点橄榄球队都会和美国海军橄榄球队一决高低，值此重大赛事之际，西点学生将会出动全副战斗装备，开着装甲车为球员送行，希望他们能够拥有好成绩。

西点军校通过在体育赛事上的氛围鼓励学生们加强锻炼，拥有健康的体魄，并在体育锻炼中获得友谊，激发好胜心，懂得团队合作，可谓一举数得。

艾森豪威尔有1.79米的身高，并且身形非常魁梧。而他在西点

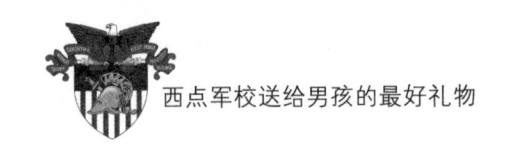

脱颖而出就是从体育能力开始的。他在足球上非常有天赋,曾经为西点足球队立下汗马功劳,甚至获得了美军足球联队的邀请,还令他得到了一个"堪萨斯旋风"的美名。

艾森豪威尔的拳击、摔跤、击剑和游泳成绩也都非常不错,这些让他进入西点之后很快走入人们的视野。当时教官对他的评价是:"我相信,这个小家伙能够横渡英吉利海峡,然后和敌人短兵相接。"

之后很可惜的是,艾森豪威尔膝盖受伤,虽然后来治愈了,但是球场上就很少再看到他的身影了。但是他依然积极参加其他的体育锻炼,诸如双杠这样的体操运动,还有游泳等,都让他始终保持良好的体能和清醒的头脑。体育锻炼让他锻炼了自制力,增强了克服困难的意志力,相信这些也都帮助他成为美国总统。

被誉为"西点之父"的西点军校第四任校长塞耶曾经说过:"一个人身体上有力量,心理上也就有了依赖。"确实如此,健全的体魄对于人们健康的精神影响非常之大,人们说"身心"健康,身与心总是分不开来的。

就像古希腊伟大的思想家和发明家亚里士多德说的那样:"生命在于运动。"男孩们,如果你们希望长得高大一些,四肢协调一些,身体健康一些,那就应该多多运动。而且运动场上是收获朋友的绝佳地方。只要不影响正常的学习生活,多多运动绝对有益无害。

吃苦耐劳的态度就是西点军校送给你的第六份珍贵的礼物。

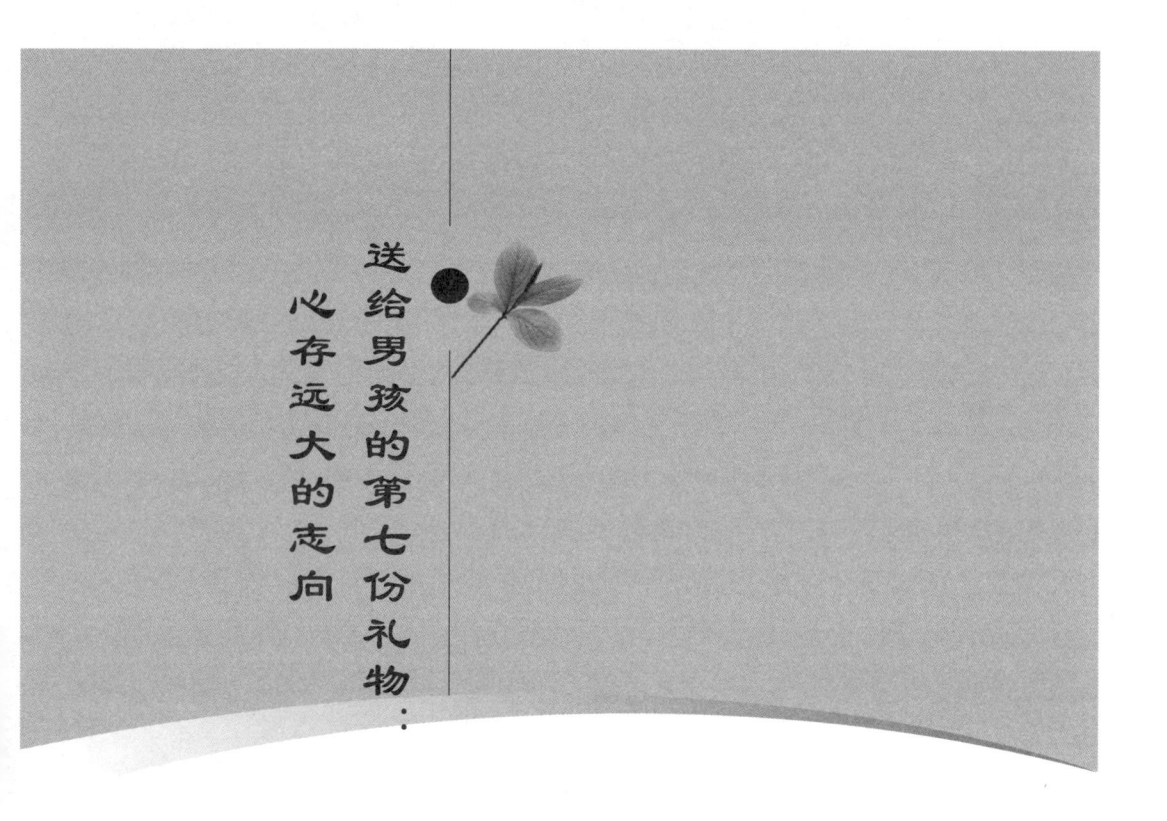

送给男孩的第七份礼物：心存远大的志向

- ☺ 远大的理想激发无限潜能
- ☺ 志向决定发展格局
- ☺ 有了目标立即行动
- ☺ 成功就是每天进步一点点
- ☺ 从失败中学习
- ☺ 西点军校的必胜信念

远大的理想 激发无限潜能

多年以来,美国陆军的新兵招募口号就是:"实现你全部的潜能(Be all you can be)。"而西点军校的招生口号则是:"我们将不断地挑战和磨炼你,促使你努力成为一个全面发展的领袖人物。"西点的学生冲着这些口号而来就已经意味着,他们理想远大,旨在成为一个全面发展的人才,一位经受得住挑战的领袖人物。

五星上将麦克阿瑟出生于一个军人世家,他的父亲是一名中将,并且曾经担任驻菲律宾军事总督。

正因为麦克阿瑟的父亲已经是一位赫赫有名的将军,因此他小时候就树立了更高更远的理想:成为一名比父亲更有名的将军,他想成为一名上将,并且最好是五星上将。

麦克阿瑟17岁时考入西点军校,4年后以总排名第一名、各科全优这样的迄今为止无人能及的傲人成绩从西点毕业。他在升任到少将之后任职西点军校校长。

作为西点军校校长,他获得了全校师生的支持,他的演讲题目"责任、荣誉、国家"是西点军校的首要校训。在母校任职是一段不错的经历,而他的妻子则希望他不要再步入战场,或者留在美国做做生意,或者做个闲散贵族,但是麦克阿瑟没有放弃他想要成为上将的理想。

在西点任职3年后,他重回前线,担任美军驻菲律宾部队的司令,

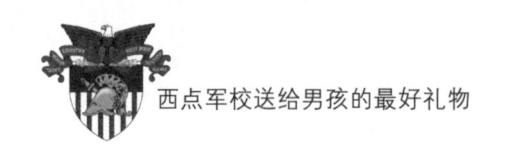

之后成为最年轻的美国陆军参谋长,并在第二次世界大战时指挥盟军投入太平洋战争立下汗马功劳,并最终成为美国历史上仅有的5名五星上将之一。

男孩们,如果你们对自己的成绩和其他成就并不满意,不是因为你们不如别人聪明,很可能是因为你们还没有愿意为之奋斗的理想,还没有调动自己的无限潜能。

科学证明,人类的潜能无穷无尽,但现在却只开发了极小的一个部分。人们应该可以学会40种语言,应该能够背诵百科全书,就算拿十几个博士学位也应该不成问题。但事实上人类只开发了5%—10%的潜能,剩下的潜能需要随着社会进步不断地开发出来。或许,远大的理想就是开发潜能的方式之一。

可以说,人类社会就是由理想的不断实现推动向前的,先有理想才有理想的实现。

一百多年前,一位穷苦的牧羊人带着两个幼小的儿子替别人放羊。

有一天,他们赶着羊群来到一座山坡上,一群大雁鸣叫着从天空飞过,很快消失在远方。

牧羊人的小儿子问父亲:"大雁要飞到哪里去呢?"

牧羊人说:"它们要去一个温暖的地方,在那里安家,度过寒冷的冬天。"

大儿子眨着眼睛羡慕地说:"要是我们也能像大雁那样飞起来就好了。"

小儿子也说:"要是能做一只会飞的大雁,那该有多好啊!"

牧羊人沉默了一会儿,然后对两个儿子说:"只要你们想,你们也能飞起来。"

两个儿子试了试,都没能飞起来,他们用怀疑的眼神看着父亲。牧羊人说:"让我飞给你们看。"于是他张开双臂,学着大雁的样子,但也没能飞起来。可是,牧羊人肯定地说:"我因为年纪大了才飞不起来,而你们年纪还小,只要不断努力,将来一定能飞起来,到那时,你们就可以去任何想去的地方。"

两个儿子牢牢记住了父亲的话,并一直不懈地努力着。等到他们长大——哥哥36岁,弟弟32岁的时候——两人果真飞起来了,因为他们发明了飞机。

牧羊人的这两个儿子,就是美国著名的莱特兄弟。

在遥远的年代,如果谁提出想要飞起来,必定会被众人无情嘲讽,觉得他"脑子有问题"。但莱特兄弟却并不因为这个理想的"空洞"而停止了继续探索的脚步,他们从结构简单的玩具飞机开始,凭着自己的幻想制作出了可以飞翔的笨拙机器,并且不断改良革新,在思考中不断完善自己的作品,最终实现了"展翅翱翔"的宏伟壮志,成为人类飞行的先驱。

人若没有理想,就像鸟儿没有翅膀,不能飞翔。在我们的周围,经常会听到这样一句话:"我想都不敢想。"试问,如果你连想都不敢,你会去做吗?而如果你不去做,你能得到什么好的结果吗?

敢想,才有化梦幻为实际的可能;如果连想都不敢想,或者没想到,那人类怎么来实现不断进步、不断发展的历史进程呢?

因为渴望能快速地在各地之间传送信息,所以电报被发明了,无线电被发明了,电话也被发明了,即使相隔千里,即使在一望无垠的汪洋上,我们都可以畅通无阻。

在蒸汽机、柴油机等动力装置被发明之前,人类的许多运输和农活是依靠牲口完成的。要出行我们骑马,要送货我们用驴,要拉磨我们还有骡子,但是人类始终没有放弃过探寻更快更省力的机器。瓦特

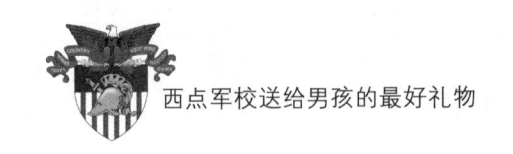

因为偶尔看到蒸汽顶开水壶盖而得到灵感,从而发明了蒸汽机。或许这是偶然,从古至今有无数的人看到了这个现象,但是发明了蒸汽机的却只有瓦特一个,不能不说这也是瓦特敢于想象,敢于把理想变成现实才帮助他发明了这台改变人类命运的机器。

像这样的已经被实现的人类理想很多,但是仍然等待被实现的理想也还有很多。人类社会依靠着少数理想家的理想和实干向前行。人类因为有了理想才有了希望,才有了前进的动力。

达尔文出生在英国的施鲁斯伯里。祖父和父亲都是当地的名医,家里希望他将来继承祖业,16岁时他便被父亲送到爱丁堡大学学医。

但达尔文从小就热爱大自然,尤其喜欢打猎、采集矿物和动植物标本。进到医学院后,他仍然经常到野外采集动植物标本。父亲认为他"游手好闲""不务正业",一怒之下,于1828年又送他到剑桥大学,改学神学,希望他将来成为一个"尊贵的牧师"。

但是达尔文对神学院十分厌烦,他的理想仍然是成为一名科学家。他把大部分时间用在听自然科学讲座,自学大量的自然科学书籍。热心于收集甲虫等动植物标本,对神秘的大自然充满了浓厚的兴趣。

为此他不断遭到父亲的斥责:"你放着正经事不干,整天只管打猎、捉耗子,将来怎么办?"父亲认为他所做的研究都是在整天玩乐,在做毫无前途的研究。甚至在小时候,所有的老师和长辈都认为达尔文资质平庸,与聪明是沾不上边的。

但就是这个被认为资质平庸的达尔文,凭借自己对自然科学的一腔热情和坚忍不拔的研究精神,最后写成了《物种起源》,成就了自己的"进化论",成为举世闻名的自然科学家。

人们因渴望而有了理想,因理想而有了信念,因信念而发生了奇迹。曾经是人类的做梦一般的理想,也曾经被许多人嘲笑为不可能的事情,但是,它们现在都实实在在存在于我们的生活中了。

西点军校也尊重理想,他们甚至把理想比喻为人生航船的舵,而信念是船上的帆。在西点的教育中也包含着理想的教育,每个学员都必须有自己的理想,并矢志为此而奋斗。

一个漆黑、凉爽的夜晚,坦桑尼亚的奥运马拉松选手艾克瓦里吃力地跑进了奥运体育场,他是最后一名抵达终点的选手。

这场比赛的优胜者早就领了奖杯,庆祝胜利的典礼也早就结束,因此艾克瓦里一个人孤零零地抵达体育场时,整个体育场已经几乎空无一人。艾克瓦里的双腿沾满血污,绑着绷带,他努力地绕完体育场一圈,跑到了终点。在体育场的一个角落,享誉国际的纪录片制作人格林斯潘远远看着这一切。接着,在好奇心的驱使下,格林斯潘走了过去,问艾克瓦里,为什么这么累还要跑至终点。

这位来自坦桑尼亚的年轻人喘着气回答道:"我的国家从两万多公里之外送我来这里,不是叫我在这场比赛中仅仅参于起跑的,而是派我来完成这场比赛的。"

虽然艾克瓦里是整个赛事的最后一名,虽然没有观众、鲜花和掌声迎接他跑到终点,但是他无疑也是一个胜利者。支撑他跑到终点的是他的荣誉感和他对理想的坚持。任何一个国家体育的强盛离不开这样一些坚持理想,并且因为理想而焕发潜能的先行者。我们国家也曾经有几个选手漂洋过海参加奥运,在奥运会上也曾经很多年没有斩获,但是却能够在2008年获得奥运金牌榜第一名,这样的成就同样是由一批又一批拥有远大理想的运动员所铸就的。

无论现在的境况如何,每个人都可以展望自己的未来,只要明天还没有来到,你就永远可以为了明天能达成理想而奋斗不止。

一个20岁以下的男孩,还未经历世事的磨炼,如果就已经胸无大

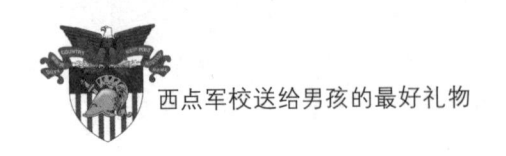

志,那无疑是可怕的。因为没有人生的目标,他可能会碌碌无为甚至糊涂地度过一生。人不能没有理想,一旦失去理想,人便失去了斗志,精神变得萎靡,那就不可能再取得任何的进步。

雄鹰不是在最初就拥有了强健的翅膀,是因为它们拥有了强烈的向上的愿望,才生长出了翅膀。最后,经过千万年的演变进化,才发展成我们现在所看到的雄鹰,拥有强健的双翼,双翼两端之间的距离足有7英尺长。只有拥有这样强烈的向上的愿望,才能拥有如此强健的双翼;只有拥有了这样强健的双翼,雄鹰才能飞得更高更远。

约翰·弥尔顿在小时候,就已经想要写一部流传后世的伟大史诗了。他那儿时的朦胧理想变成了青年时代的执著追求。不论是学习还是游历,经过成年时的风风雨雨,理想的火炬从没在他的心头熄灭。他在年迈体衰、双目失明后,终于实现了少年时的理想。经历几个世纪后,《失乐园》这部伟大史诗的优美旋律还是令人荡气回肠。这位不朽的诗人,当他悄然告别人世时,嘴角吐出的是这样一句话:"美好的理想引导我们前行。"

一支远征军正在穿过白茫茫的雪城,突然,一个士兵痛苦地捂住双眼:"上帝啊!我什么也看不见了!"没过一会儿,几乎呈几何级数增加的士兵都身不由己地患上了这种怪病。

这件事在军界掀起了轩然大波,直到后来,才真相大白——原来致使那么多军人失明的罪魁祸首居然是他们的眼睛,是他们的眼睛在不知疲倦地搜索世界,从一个落点到另一个落点。如果连续搜索世界而找不到任何一个落点,眼睛就会因过度紧张而导致失明。在白茫茫的雪城中,士兵的目光因找不到一个落点,找不到一个确定的目标,而导致眼睛失明,致使眼前一片黑暗。

一个人不能没有目标,失去了目标,理想就找不到一个固定的落点,心灵因找不到一个确定的目标而变得盲目。

爱默生曾经告诫我们:"把你的人生之车系在遥远的星辰上。"这不是说一个人的理想定得越高越好,而是说人生的目标要像星辰一样,永远那样清晰、明亮,闪耀在头顶的上空。它将引导我们不断前进,提升我们的人生境界。

哈佛大学曾就"目标对人生有着怎样的影响"这个问题做过一项跟踪调查,调查对象是一群智力、学历、环境等条件相差不多的学生。调查结果显示:

3%的人有自己清晰的长远目标;
10%的人有清晰但比较短期的目标;
60%的人只有一些模糊的目标;
27%的人没有目标。

25年后,哈佛大学再次对这些当年的学生进行了跟踪调查,结果是这样的:

那3%的人几乎都成了社会各界的精英、行业领袖。

那10%的人也都是各专业领域的成功人士,生活在社会的中高层,事业有成。

那60%的人基本上属于社会大众群体,生活在社会中下层,事业平平。

那27%的人过得很不如意,工作不安定,常常抱怨社会、抱怨政府、怨天尤人。

没有目标的人生是相当可怕的。当你的人生失去了目标,你的生活就会渐渐地失去生机,你的能力便会逐渐退化,你的斗志会慢慢被消磨,你的精神会逐渐萎靡。

就如同种地一样。如果我们埋下的是一块石头,那它只会根据重

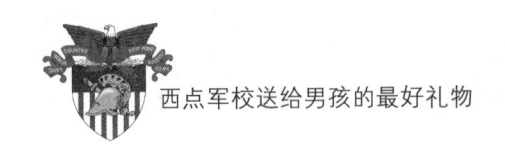

力和引力定律静静地躺在地里,假如没有人挖掘,就永远埋藏在土里;如果我们埋下的是一颗植物的种子,那它会冲破重力,顶破泥土,向上生长。因为种子里有一股奇特的力量,它抗拒着大自然的重力和地球的引力,凭借着顽强的生命力不断向上。就仿佛天上的星辰才是它的终点,它要不断向上生长。

亲爱的男孩们,想一想,自己是否能够达成父母的期望,如何才能发挥自己的优点和能力。想想10年后的自己在哪里,做些什么,距离理想还有多远?

理想就在你的前方,无限的潜能等待被你开发。多读一些有益的书籍,多交一些和你有共同理想的朋友,多了解一些曾经为自己的理想奋斗并取得了成功的人的事迹,这些都将对你有所帮助。

理想的背后永远存在着现实,但我们的理想是上天赐予我们珍贵的礼物,让我们从无知走向文明,从愚昧走向神圣,从平凡走向高尚。这样的一件礼物请你务必珍藏好。

西点军校远景

志向决定发展格局

志向决定发展格局,没有最好,只有更好。在西点军校,这不仅仅是一句口号,更是一个深入人心的观念。西点的学员,在校期间都被灌输着这样的思想:永远不对自己的现状满意,永远向着更高的目标前进,你永远可以做得更好。

西点精神认为,一个人一旦满足于自己目前获得的成就,便失去了继续奋进的动力,不再追求更高的目标。而在这个竞争日趋激烈的社会,不前进便意味着后退,就可能被无情地淘汰。一旦你停止前进,便会被别人赶超。

格兰特将军在童年时的愿望是成为一名成功的农民,管理大一些的农场,获得多一些的收成。等到了少年时,他发现自己原来可以通过读书而获得更好的机会,于是他考入了西点军校。

进入西点军校之后,一度他也并不是最优秀的学生,直到他意识到通过西点军校没准儿将来他也能够成为一名将军。

当格兰特成为将军之后,打了不少胜仗,他很满意。直到林肯给了他一个挑战的机会时,他发现自己可以挑战著名的南军统帅李将军,或许他会成为一个非常著名的将军。

当南北战争结束后,格兰特希望能够成为格里纳市的市长,然而到了1868年时,这些都不足以承载他的志向了,他被选为共和党总统候选人,并于当年成功获选美国总统,并于1872年获得连任。

西点人挑战他人，挑战自我，永远希望做得更好。因为志向决定了发展的格局，西点学生因为他们的高起点而拥有更高的人生志向，他们用自己的努力为西点创就了今日的辉煌。高起点的志向如同成功道路上的一盏明灯，让在这条路上前进的人们永远向着前方的光明行进。

世界球王贝利在他二十余年的足球生涯中，参加过1 300多场比赛，踢进过1 200多个球，并且创造了单场踢入8个球的纪录。当他进球记录达到1 000个时，有人曾经问他："您觉得自己哪个球踢得最好？"贝利笑着回答："我认为是下一个。"

只有当我们具有追求卓越的高志向，才能将我们的发展格局向上提升，为自己打开更大的局面。这就是为什么西点始终保持着高淘汰率，不能在严酷的训练中坚持下来的就只能离开。西点永远需要最好的领导者，需要永远前行的军人，而不是拥有一点成绩便沾沾自喜的"骄傲的将军"。

24岁的海军军官卡特，应召去见海曼·李科弗将军。谈话开始前将军让卡特挑选任何他愿意谈论的话题。然后，将军再问卡特一些问题，结果每每将卡特问得直冒冷汗。

卡特终于开始明白：自认为懂得了很多东西，其实还远远不够。结束谈话时，将军问他在海军学校的学习成绩怎样，卡特立即自豪地说："将军，在820人的一个班中，我名列第59名。"

将军皱了皱眉头，问："为什么你不是第一名呢，你竭尽全力了吗？"

此话如当头棒喝，影响了卡特的一生。

"你为什么不是第一？"这句话激醒了满足于自己成绩的骄傲的卡特，让他意识到了自己的不足，从此努力争取做得最好，并最终成为美国总统。

不是第一就要努力成为第一,而即使你是第一,也永远可以做得更好。在西点,没有常胜将军,哪怕你是第一,你也面临更多的挑战。这样的挑战来自他人,同样也来自自己。

有一位男孩,他的父亲是位马术师,所以他不得不常年跟着父亲走南闯北东奔西跑。由于四处奔波,他的求学过程并不顺利,成绩也不甚理想。

有一天,老师要全班同学写一篇文章,题目是"长大后的志愿"。

那一晚,男孩洋洋洒洒写了7张纸,描述了他的伟大志愿:

"长大后,我想拥有自己的农场,在农场中央建造一栋占地5 000平方英尺的住宅,拥有很多很多的牛羊和马匹。"

等到老师把作业发下来时,小男孩看到老师给他打了一个又红又大的"F",还叫他下课后去见他。

"老师,为什么给我不及格?"他不解地问道。

"我觉得你的愿望是不切实际的。你敢肯定长大后买得起农场吗?你怎么可能建造5 000平方英尺的住宅?如果你肯重写一个志愿,写得实际点,我会考虑给你重新打分。"老师回答。

男孩回家后反复思量,最后忍不住询问父亲。父亲见他犹豫不决,语重心长地说:"儿子,这是个非常重要的决定。我认为,拿个大红的'F'不要紧,但绝不能放弃自己的理想。"

儿子听后,牢牢地把这句话记在心底。他没有重写那篇文章,也没有更改自己的志愿。

20年后,这个男孩真的拥有了一大片农场,在农场的中央,也真的坐落着一栋舒适而漂亮的豪宅。

这个男孩不是别人,就是美国著名的马术师杰克·亚当斯。

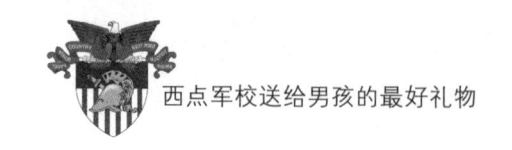

在现实生活中，总有这样一些人，他们或因宿命论的影响，凡事听天由命；或因缺乏理想，做一天和尚撞一天钟，没有什么远见；或因性格懦弱，一旦众人认为某建议实属天方夜谭，对之嗤之以鼻，他便再也不敢为之而努力……请不要轻易认定自己的命运，也不要武断看定别人的命运。如果一个人遇事逃避，不敢"痴心妄想"，不敢转变思路积极去追求而任由消极情绪完全支配自己的意志，那么最终，他只能碌碌无为地了此残生，难以有所成就。

如果你是一名士兵，那你就要渴望成为一名将军；如果你是一名商人，就要努力成为大企业的管理者和拥有者；如果你是一名政客，那就要立志成为灵魂领袖人物；如果你是文艺工作者，那你就要发誓变成艺术家或明星。只有你这么想了，才有可能把这个目标变成现实。

作为一个想要获得成功的人来说，你必须以高于普通人的标准来要求自己。如果你仅仅以一个普通人的标准来衡量，仅仅要求自己"还过得去"，那你永远只能是一个小人物。你必须相信自己能够达到目标，能够成为第一，然后为了这个目标而竭尽全力，这样你就能成为同类竞争对手中的佼佼者。

从前在宾夕法尼亚的一个山村里，住着一位卑微的马夫。后来这位马夫竟然成了美国最著名的企业家之一。他就是查尔斯·齐瓦勃先生。

齐瓦勃是如何获得成功的呢？齐瓦勃的成功秘诀是：每谋得一个职位，他从不把薪水的多少视为重要的因素，他最关心的是新位置和过去的位置相比是否前途和希望更远大。

齐瓦勃最初在钢铁大王安德鲁·卡耐基的工厂做工，当时他就自言自语地说："总有一天，我要做到本厂的经理。我一定要努力做出成绩来给老板看，使老板主动来提拔我。我不会计较薪水的高低，我只要记住：要拼命工作，要使自己的工作产生的价值，远远超过我的薪水。"他下定决心后,便以十分乐观的态度、愉快的心情来工作。在30岁时,他成了卡耐基钢铁公司的总经理,39岁时,他又出任全美钢铁公司的总经理。

齐瓦勃只要获得一个位置,就决心做所有同事中最优秀的人。当同事抱怨待遇低微时,齐瓦勃把注意力集中在工作上。他明白,目前的待遇或多或少,与他将来注定要获得的财富相比,是微不足道的,计较这几美元是很无聊的。他看清了周围人的卑微愿望和平庸命运,在自己的卓越之路上默默努力。他做任何事情都保持乐观的心态、愉快的情绪,他在业务上尽可能做到尽善尽美、精益求精。人们习惯于把难度高的事情都交给他来处理,他渐渐成了公司的主心骨。

在我们每个人的身上都有上帝赋予我们的特别的非凡天赋,如果你不懂得如何善加利用,那就只能甘于平庸。如果你开发并利用了这个潜能,那你就能成就一番事业。

总是把自己的志向往更高更远的地方推进的人往往是最接近成功的人。正是这一点点提高,一点点改进,推动了整个人类的进步,铸就了平凡人的成功。正是人们不断追求卓越,追求第一,才造就了完美。

如果成功在彼岸,志向就是航行的船只;如果夜归的船在行驶,志向就是海面上的灯塔。志向是成功的基石,伟大的成就往往来自远大的目标,若要建成大厦,必先绘制蓝图。

有了目标立即行动

西点的游泳训练中,有这样一个高难度的动作:学生必须穿着军服,背着背包扛着步枪,从数米的高台上跳进水里,然后在水中解开背包,脱掉皮鞋和外衣,并将这些东西都绑在木板上。

尽管很多学生已经能够在技术上做到这些动作,但是到了真要扛着包袱向下跳时,或多或少会有些怯懦,他们走到跳板尽头难免停下来,恐慌地看一眼下面的水池。

当然西点军校不接受退缩和怯懦的,所以最终这些学生还是只能下定决心,一跃而下。

有的时候,人们有了目标,有了理想,缺少的或许正是这样一种立即行动的勇气。那些负重下水的学生一跃而下时就会发现,其实没什么大不了的,他们会因为自己下了决心而欢欣鼓舞。

曾经有权威机构做过一个调查,问题是:"穷人除了钱最缺什么?"调研结果表明,穷人不缺帮助和关爱,不缺美貌和住房,他们缺少的是远大的理想,或许可以称为缺乏野心。如果不去想,就不会去做。所以,要敢想,并且愿意为了这个理想全力奋斗,这样才能离成功越来越近。

但仅仅只有理想是不够的,理想必须付诸行动,如果没有行动,那理想永远只是空想,只是空中楼阁、海市蜃楼,那么遥不可及。只有合理的理想才能赋予我们灵感,只有在行动之前有一个关于理想和实现理想的框架才是有意义的。

送给男孩的第七份礼物：心存远大的志向

1994年初，互联网刚诞生没多久，一名29岁的叫杰夫·贝佐斯的青年，偶然注意到了互联网成长速率每年高达百分之二千三百的惊人数据。这个数字对普通人来说可能并不意味多大的意义，但贝佐斯看到了电子商务的无穷潜力，他的脑中浮现出一幅美好的企业蓝图。他决定建一个没有中间商抽头的书店，并利用电脑虚拟空间的概念，取代店面的租赁和摆设，繁琐的进出货和盘点则交由电脑软件处理，借此大量简化传统所需的人力和物力。

这个具有可实施性和美好前景的创业念头一旦产生，贝佐斯就马上辞去了华尔街一家基金公司副总裁的工作，举家迁往西雅图。一路上贝佐斯就开始在自己的笔记本电脑上，拟订事业计划书，并且用移动电话，到处筹集资金。1995年7月，亚马逊网络书店正式成立了。

当年，几乎所有人都认为贝佐斯的想法是天方夜谭，但这并没有阻止亚马逊网络书店成立后在全世界引起的极大反响，在公司网上开幕的前30天，客户订书的寄送范围就广达全美50个州，以及其他45个国家和地区。成立之初，公司设在一个仅仅400平方英尺大小的车库里，6个月后，搬迁到7 000平方英尺的仓库中，又过了6个月，再次搬迁，总部扩大到17 000平方英尺的大型仓库，而员工也从原来的7人，扩大到170人，到1999年甚至突破了2 000名员工。

一张地图，不论多么详尽，比例多精确，也永远不可能带着它的主人在地面上移动半步。一个国家的法律，不论多么公正，永远不可能防止罪恶的发生。任何宝典，如果我们不去实行，永远不可能创造财富。只有行动才会带来结果。

只在岸边观望的人永远学不会游泳，只会趴在地上的人也永远学不会摔跤。成功没有秘诀，就是在行动中尝试，犯错，再尝试，再改进……直到成功。有的人成功了，只因为他们比我们犯了更多的错误，遭受了更多的失败而已。

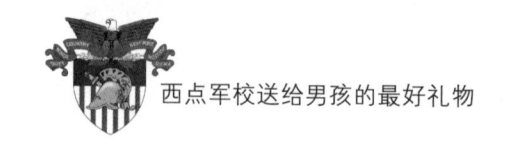

1921年6月2日,无线电通信诞生整整25周年。美国《纽约时报》对这一历史性的发明,发表了一篇简短的评论,其中有这样一句话:现在人们每年接收的信息是25年前的25倍。

对这一消息,当时在美国至少有16个人作出了敏锐的反应,那就是——创办一份文摘性刊物。

在三个月时间里,16位有先见之明的人士不约而同地到银行存了500美元的法定资本金,并领取了执照。然而当他们到邮政部门办理相关发行手续时却被告知,该类刊物的征订和发行暂时不能代理,如需代理,至少要等到第二年的中期选举以后。

得到这一答复,16人中的15人为了免交执业税,向新闻出版管理部门递交了暂缓执业的申请,只有一位叫德威特·华莱士的年轻人没有理睬这一套。他回到暂住地,和他的未婚妻一起糊了2 000个信封,装上征订单寄了出去。

在世界邮政史上,这2 000个信函也许根本不算什么,然而,对世界出版史而言,一个奇迹却由此诞生了!到20世纪末,德威特·华莱士夫妇所创办的这份文摘刊物——《读者文摘》,已拥有19种文字、48个版本,发行范围覆盖127个国家和地区,订户1.1亿,年收入5亿美元,在美国百强期刊排行榜上,几十年来一直位居第一。

杰克·韦尔奇说过:如果你有一个目标,或者决定做一件事情,那么就立刻行动起来。再好的创意如果没有付诸行动,也不会有成果,便毫无价值可言。成功与失败的区别就在于:前者动手,后者动口。

比尔·盖茨曾经对青少年说过这样一句话:"如果你已经制定了一个伟大的计划,那么在你的生命中,你就尽最大的努力去做吧。"比尔·盖茨就是这样,只要拿定了主意,马上行动,以最快的速度把自己的想法付诸实施。

送给男孩的第七份礼物：心存远大的志向

　　1973年秋天，比尔·盖茨遵从父亲的愿望考进了名校哈佛。在此之前，他就已经对自己的未来有了明确的方向。中学毕业前的一天，他和他的同学哈克斯一起打完羽毛球后，去餐厅喝饮料，哈克斯问他毕业以后要去哪里，做些什么，比尔·盖茨回答说自己要上哈佛大学，然后还补充一句："我要在25岁时赚到我人生中第一个一百万美元。"

　　到了哈佛以后，比尔·盖茨的心始终萦系在电脑上，入学一年不到，他就开始为他和保罗·艾伦的交通数据公司寻找业务，他深信电脑事业会给他带来巨大的回报。

　　当1974年春天，也就是比尔·盖茨进入大学后的第二学期，他经过不断的努力，成功地改进BASIC语言，而当时就颇有名气的英特尔公司正好研发了一种8080芯片。有了功能强大但又不是那么昂贵的处理芯片，有了简洁的人机语言，比尔·盖茨相信一台可以被大众接受和使用的"微型"计算机已经呼之欲出了。虽然他还无法在脑海中清晰地描绘这台电脑的样子，但美梦已经有了雏形。

　　1974年的秋天，保罗·艾伦毕业后来到波士顿工作，他经常在晚上和周末去哈佛探望盖茨，和盖茨热烈讨论创办一家真正的电脑公司的计划。他们收集资料，分析形势，越发相信电脑已经面临一个真正进入千家万户的大好前景，终将引发一场新的技术革命。由于保罗已经参加工作，对计算机的市场应用比盖茨有更深的认识，他不断对盖茨说："这是一个千载难逢的机会，我们创办一家电脑公司吧！"盖茨看到他兴奋的样子，又结合当时的情况，也觉得时机已经来了。

　　比尔·盖茨深知，要想成就事业，就必须勇敢果断，经过再三的考虑，他决定退学，离开哈佛，立刻投身电脑事业。当他的父母知道他的决定后，找到了在电脑产业和商业都十分在行的斯托姆，试图说服盖茨。但是比尔·盖茨向斯托姆详细地说明了自己现在所做的事情和以后的打算后，斯托姆赞同了他的想法。于是，读完大二以后，比尔·盖茨就毅然地离开了哈佛，和保罗·艾伦一起专心研发软件去了。

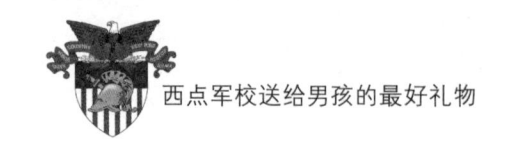

我们说:"早起的鸟儿有虫吃",假如比尔·盖茨当时没有立即行动并全身心地投入电脑事业,那我们还能看到现在的微软吗?答案是否定的。

每个人都有自己的理想,然而真正身体力行去实现理想的人并不多。许多人不行动是因为觉得自己没有准备好,其实已是"万事俱备"。成功人士最初实现自己的理想时,并没有比别人具备更好的条件,甚至有时候他们所能依托的条件往往还不如别人。唯一的差别是他们确立了自己的理想后,着手做了,在行动中创造,在创造中行动,虽然成功的路上有挫折和失败,但他们义无反顾勇往直前,渐渐地脱颖而出,最终成为成功人士。

有一天,一条小毛虫朝着太阳升起的方向缓慢地爬行。它在路上遇到了一只蝗虫,蝗虫问它:"你要到哪里去?"

小毛虫一边爬一边回答:"我昨晚做了一个梦,梦见我在大山顶上看到了整个山谷。我喜欢梦中所看到的情景,所以我决定将它变成现实。"

蝗虫很是惊讶:"你烧糊涂了还是脑子进水了?你怎么可能到达山顶之上?你只不过是一条小毛虫而已!对你来说,一块石头就是高山,一个水坑就是大海,一根树干就是无法逾越的障碍。"但小毛虫没有理会蝗虫的话,继续往前爬。

小毛虫不停地挪动着自己小小的躯体。突然,它听到了蜣螂的声音:"你要到哪儿去?"

小毛虫汗涔涔、气喘吁吁地说:"我做了一个梦,我想把它变成现实。我梦见自己爬上了山顶,在那里看到了整个世界。"

蜣螂不禁笑道:"连拥有健壮腿脚的我,都没有这种狂妄的想法。"小毛虫不理会蜣螂的嘲笑,继续前进。

后来,蜘蛛、鼹鼠、青蛙和花朵都以同样的口吻劝小毛虫放弃这个打算,但小毛虫始终坚持着向前爬行……

终于,小毛虫筋疲力尽,累得快要支持不住了。于是,它决定停下来休息,并用自己仅存的一点力气建成了一个休息的小窝——蛹。

最后,小毛虫"死"了。

山谷里,所有的动物都跑来瞻仰小毛虫的遗体,那个蛹也仿佛变成了理想者的纪念碑。

一天,动物们再次聚集到这里。突然,大家惊奇地看到,小毛虫贝壳状的蛹开始绽裂,一只美丽的蝴蝶从中飞了出来。随着轻风吹拂,这只蝴蝶翩翩飞到了大山顶上——重生的小毛虫终于实现了自己的理想……

你有理想吗?假如你的回答是"有",那么很高兴地告诉你,你已经拥有了一半的成功机会。

有了理想之后你行动了吗?如果你的回答还是"有",那么再次很欣喜地告诉你,你离成功已不远了。

人活一世,少不了理想。理想是未来真实的投影,是人生飞翔的翅膀。但理想并不等同于成功,唯有像小毛虫那样,纵然理想遥不可及还是敢于迈出理想的第一步,才真正有机会化理想为现实。

鸵鸟在遇到危险的时候,习惯于把自己的头藏在沙土中以获得心灵上的解脱,而不敢冒险一搏。这是本能的反应,无论是鸵鸟还是人类,在内心深处总会残存着一种逃避和找寻安慰的想法。但是更多的人明白,困难和风险也是欺软怕硬的,你弱他就强,你强他就弱。我们必须学会冒险,因为人的一生从本质上来说就是一次探险,如果不主动迎接风险的挑战,便只能被动地等待风险的降临和侵袭;唯有面对危机和困难勇于尝试,才会激起更高更强的决心和勇气。

男孩们,或许你们也有过这样的鸵鸟心态,遇到无法解决的难题,就会把头埋在沙子里,告诉自己"明天再做","反正老师会讲解的",

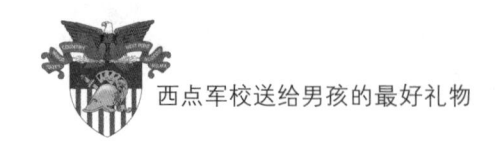

"别的同学可能也做不出"……一次两次的鸵鸟心态可能没有关系,但是一旦养成了习惯,那就可能让你永远丧失行动力,变得只会空想,无法行动。

美国文学家、历史学家迪斯累利曾经说过:"**行动不一定就带来快乐,但没有行动则肯定没有快乐。**"所以说,有了目标,就立即行动吧,因为只有行动才是最好的检验。

西点军校的校园景色

成功就是每天进步一点点

1968年的某天,罗伯·舒乐牧师立志要在加州用玻璃建造一座水晶大教堂。他向著名的建筑设计师菲力普·约翰森表达了自己的构想:"我要的不是一座普通的教堂,我要在人间建造一座伊甸园。"

约翰森问起他的预算情况,舒乐牧师坚定而又明确地说:"我现在一分钱都没有,所以对我来说,100万美元和400万美元并没有什么区别。重要的是,这座教堂本身要具有足够的吸引力,以吸引捐款者的到来。"

教堂最终的预算是700万美元。700万对当时的舒乐牧师而言,不仅超出了他的能力范围,甚至已经超出了他的想象范围。

但舒乐牧师并没有知难而退。当天晚上,他拿出一张白纸,在最上面写下"700万美元"几个大字,然后又写下了10行文字:

1. 找到1笔700万美元的捐款;
2. 找到7笔100万美元的捐款;
3. 找到14笔50万美元的捐款;
4. 找到28笔25万美元的捐款;
5. 找到70笔10万美元的捐款;
6. 找到100笔7万美元的捐款;
7. 找到140笔5万美元的捐款;
8. 找到280笔2.5万美元的捐款;
9. 找到700笔1万美元的捐款;

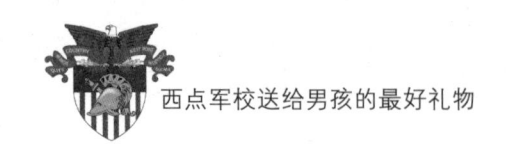

10. 卖出教堂1万扇窗户的署名权,每扇700美元。

对700万美元的预算作了如上分解之后,舒乐牧师着手进行他的招商计划。

60天后,他用水晶大教堂奇特而又美妙的模型打动了富商约翰·科林,使他得到第一笔100万美元的捐款。

第65天,一对被舒乐牧师演讲打动的农民夫妇,捐出第一笔1 000美元。

第90天,一位钦敬舒乐牧师的陌生人在自己生日当天,寄给他一张100万美元的银行支票。

8个月后,一名捐款者对舒乐牧师说:"如果你的诚意和努力能筹到600万美元,剩下的100万由我来支付。"

第二年,舒乐牧师以每扇700美元的价格请求美国人认购水晶大教堂的窗户,付款的办法是每月50美元,12个月分期付清。在随后的6个月里,一万扇窗户全部售出。

1980年9月,历时12年,可容纳一万多人的水晶大教堂竣工,成为世界建筑史上的奇迹和经典,也成为世界各地前往加州的游人必去瞻仰的胜景。

水晶大教堂最终的造价是2 000万美元,全部是由舒乐牧师一点一滴筹集而来。

加州的水晶大教堂,在最初也只不过是一个理想,是舒乐牧师一心想要达成的愿望。在当时,这个构想的实现有着非常大的难度,就像万丈高楼没有一砖一瓦,但它最终还是由理想变为了现实,为世人所瞩目。

而仔细探究舒乐牧师成功的原因,则无非在于把远大的目标拆解成一步一步前进的堡垒,然后用耐心恒心攻克一座座的堡垒,最后发现,那曾经遥不可及的目标原来就在眼前。

送给男孩的第七份礼物：心存远大的志向

一只重新组装的小钟来到了两只旧的时钟旁边，两只旧的时钟"嘀嗒""嘀嗒"一秒一秒地向前走着。

一只旧时钟对新来的小钟说道："赶紧呀，你也需要开始工作喽。但是看你七零八落的样子，不晓得走完 3 200 万次之后还能不能继续工作。"

新来的小钟惊恐不已，大呼小叫道："不可能，3 200 万次，那怎么可能呢？我根本办不到啊。"

另一只旧时钟安慰它道："别担心，你只需要每秒钟都嘀嗒一声就行了，非常简单。"

新来的小钟将信将疑，总觉得事情或许没有那么简单。无奈之下决定试试看，于是它也同样"嘀嗒""嘀嗒"开始运动起来。

不知不觉，一年过去了，小钟已经走过了 3 200 万次。

成功由无数个小目标组成，聚沙成塔，每一个小目标的累加就是大理想的达成。没有一个成功者不是一点一滴一步一个脚印走过来的。

男孩们，或许你也可以借鉴这只小钟的经验，每天不断向前前进一小步。制定目标时不急于求成，不好高骛远，制定一个适宜的、循序渐进的目标。就好比跳远一样，如果一下子把目标定在 2 米以上，或许有些困难，那不如就从 1.8 米开始一厘米一厘米向上推进目标。

我们每个人，无论遇到任何困难都不要轻言放弃，持之以恒地多付出一些努力，每天向自己的目标靠近一点再靠近一点，搭建你终极目标中的小小一隅，终有一天，你也可以走进自己理想的殿堂，成就当初的宏伟理想和未来的美好人生。

从失败中学习

西点军校鼓励学生去把握生命中的每一分每一秒,要把学习当成自己终生的事业去追寻和探索。

学生在学校里获得的教育只是人生这一大课堂的一个开端,那些著名而又成绩卓越的学校带给他们的学生的最大的价值在于:让学生能够通过在学校的一系列思维训练去适应以后的生活、工作、终生学习,并且能够去克服生活中的困难和工作中的压力。

西点军校的约翰·科特上尉说:"勇敢地面对挑战,同时大胆采取行动,然后坦然地面对自己。检讨这项行动或成功或失败的原因,你会从中得到经验教训,然后继续向前迈进,这种终生学习的持续过程会成为你在这个瞬息万变的环境中的立足之本。"

西点军校要求学生不要害怕失败,失败和错误本身也是一种体验。唯有尝过失败的滋味,才会懂得收获的甜味。世间任何事物都不可能一帆风顺。在开始做事之前,在寻找方法之前,我们就应当做好失败的准备,并为自己可能的失败做好备案。

成功永远属于那些不怕失败的人,或者更为确切地说,成功属于**那些能够坦然面对错误和失败,并不断总结教训、不断学习的人。**

每个人在还是孩子的时候,都是从失败中去获得经验教训并学习成长的。一个孩子先经历了摔跤才慢慢学会走路,先牙牙学语发音都不准才开始慢慢流畅地表达,先对事物一无所知通过学习才掌握社会生活的规则。人类本身就具备从失败中自我修复的能力。

然而很多孩子在慢慢成长的过程中却渐渐丢失了这种从失败中修复的能力。或许是因为当我们从失败中感受到挫折感之后,并没有将这种挫折感转化为一种经验和教训,并进行更为有效的二次学习;而是在感受到挫败之后,选择了消极应对,甚至逃避。

没有人的人生可以一帆风顺、事事如意,因为有了错误,我们才得以获得经验和教训;因为有了失败,我们才获得了成长和发展。那些获得过非凡成就的成功人士,并不一定是天生资质如何卓越,更重要的是他们掌握了从失败中学习的能力。

美国小说家诺格利,曾经在他的年代里出版过多本极为受欢迎的小说。或许一般人只看到他获得的巨额稿酬,却未见得去仔细分析过他曾经为圆写作梦付出了多少艰辛和汗水,而在他尚未功成名就之前,又经历过什么样的失败。

诺格利的父亲如同很多常见的家长那样,希望儿子可以成为一名出色的牙医,因为牙医的收入相当丰厚。而他自己却一直想当一名大作家。与他人想象的不同是,他并没有在自己不成熟的时候就叛逆地去违背父亲的意愿,而是在自己尚未有能力对自己的人生负责的时候,选择了遵从父命,考入了牙科医学院,并且毕业以后在纽约开办了一间牙科诊所。

在他已经成年、有良好的职业,并且能够对自己的人生负责之后,他并没有放弃童年的作家梦,工作之余,他的脑海里像电影一般演绎着自己构思的小说。

在他决定改行并潜心开始创作之后,他经历了漫长而又艰苦的旅程。他深知自己在文艺造诣上的不足,并知道这并非通过一点天赋或小聪明就能轻易弥补,因此他用做牙医赚来的钱买了许多书籍,并为自己列了一个非常详细的学习计划。每天他都钻在书和稿纸堆里。为了省钱,他甚至特意搬到了乡下去居住。

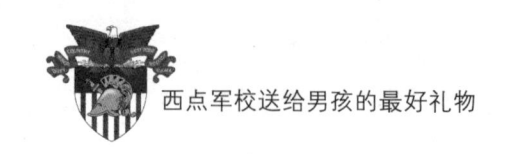

他喜欢坐在乡村的田野里，不断地增加自己的阅读量，面对自己的作品，诺格利改了又改。但即使他以这样的态度去写作，在很长时间里，仍然没有一个出版商肯为他出版作品。尽管一再被退稿，他并没有气馁，而是争取和编辑取得联系，找到自己的作品的不足。作为一个尚未出名的写作者，如果自己的作品没有绝对的过人之处，自然是很难获得青睐的。而他现在的财富，正是这些被拒绝的稿件，这些失败的作品。

尽管在几年之中，诺格利在写作上都没能真正的突破，但勤奋的积累和认真的态度也给他带来了一些小收获。当时有一位上校要去西方旅行，希望找一位作家陪同记录自己的旅途见闻和经历，已经成名的作家当然未必愿意去陪同，于是编辑就推荐了诺格利。

在西方，诺格利不仅增长了见识，而且交了许多形形色色的好朋友，增加了见闻，并收获了许多创作的素材。他把旅程之后的生活作为写作的一个新的起点，即使在隆冬，屋子里只有一个小火炉，手指被冻得发麻也坚持完成自己的作品。

当新的作品完成以后，他再次鼓足勇气，把自己辛苦爬格子的作品送到出版公司。直到找到第六家出版社的时候，他终于收获了编辑的肯定。最终成长为了一名杰出的小说家。

许多人被一次失败就打倒了，所以在成功面前就停住了自己前进的脚步。但如果在连续多次跌倒之后，一个人还能重新爬起来继续前行，并且能够真正实现从失败之中去总结和学习，那么成功终将属于他。

当我们去仔细分析那些成功人士的时候，仅有很小的一部分的人仅仅是因为天赋卓越聪明绝顶，绝大多数的成功人士是因为有着良好的习惯，而其中极为重要的一个要素就是，他们都能够承受失败，而且能够从失败中总结最关键的问题，从而不断学习予以修正。

送给男孩的第七份礼物：心存远大的志向

男孩们，你们想必也经历过失败。面对失败我们应该怎样做呢？

首先，让我们坦然地面对自己的失败，情绪要平静，但是态度要严谨。

过去犯过的所有错误，都是宝贵的财富，敢于承认错误，才能冷静地分析错误，任何消极逃避和推卸责任的行为都是修正错误的绊脚石。而失败就好比一块试金石，通过一个人对待失败的态度和失败以后所采取的行动，就能试炼出他在成功的路上能走多远。最终获得成就的人，与碌碌大众之间的区别就在于对待失败、对待问题的态度，是逃避还是坚持。

其次，要从每一次失败中学习和探索核心问题之所在，而不是轻率地认为自己已经了解了问题的全部。就好像很多男孩有些莽撞，总是不小心就造成了破坏性的结果，或是破坏了财物或是误伤了他人，一次不小心可以说是偶然，屡次不小心则完全是一种修养和素质的问题，如果不能从这些不小心中有所总结和改进，那么这种莽撞而又一事无成的状态很难有被改善的可能性，会让失败成为一种周而复始的结果。

总之，失败既不是对一个人的定论，也不是对一个问题的结论，仅仅是对某一特定事件的总结。失败尽管并不令人愉快，但也是一种机会，证明你哪里不足、哪里欠缺，增加了一种别人所没有的经验，增强了一些别人所没有的能力；那也是一种向成功迈进的助力，因为你排除了一种不合适的方法或因素，将最佳方案的范围缩小了。而获得这种经验、能力和助力的根本就在于不断从失败中学习的习惯。

西点军校的必胜信念

西点军校有一条学生们挂在嘴边的信条：Can-do and Winning Attitude——必胜的信念。无论是面对学生的学习排名，或是体育赛事的名次，又或者是学生被赋予的挑战任务，学生都必须具有一种必胜的信念，他们的口号是：We can do it——没有什么不能搞定的。

当西点军校面对校际比赛时，无论什么类型的比赛，全校上下都会一致对外在气势上压倒对方。非常有趣的一件事情是，西点如果要公布一项赛事情况，他们从来不会说"西点军校将于什么时间与什么队伍比赛什么项目"，而是会宣称"西点军校将于某月某日某时某地打败某校的某个队伍！"只因他们的口号中不存在失败的可能性。

正因为西点军校拥有这样的信条，使得他们成为各项赛事上的常胜将军，就连西点人看似不太擅长的辩论赛，他们都能多年保持全美前十名的战绩。

这就是西点军校的必胜信念：没有什么事情搞不定，我一定会赢！做完一件事之后，不论结果，先自问：在做这件事的时候，自己是否全力以赴了？这就是西点人的做法。

美国海军陆战队深知必胜信念的重要，因而总是引导官兵一心一意只想着胜利，而不是失败，并在每一种场合以各种方式重复相同的信息：美国民众都预期他们会胜利，就连敌方不少人也预计他们会获胜。

在新兵训练营，每一天教官不止一次地讲述海军陆战队的成功史,每一个障碍训练课的场景里都张贴着已经发黄的陆战队英雄照片,每一条街道都以成功战役命名,即使是日常生活中使用的词语,几乎也包含着胜利的寓意。他们称掩蔽壕为"战壕",他们从不说"撤退",而是说"攻击后方"。

海军陆战队就是这样在军中倡导、营造制胜的氛围,树立制胜的意识,从而使每个陆战队官兵在胜利的鼓舞和感召下,一心想着胜利,一心向着胜利,奋不顾身地穿越在枪林弹雨和生死线上。

必胜信念就是永远都用百分之百的努力去做每一件事情,就是在失败了多次之后依然有信心再试一次,就是在每一次的工作中多加一点努力。所以,必胜信念除了要有必胜的信心,还需要我们有"比别人多做一点"的用心。

著名投资专家约翰·坦普尔顿通过大量的观察研究,得出了一条很重要的原理:"多一盎司定律"。盎司是英美重量单位,一盎司只相当于1/16磅。但是就是这微不足道的一点区别,却会让你的工作大不一样。他指出,取得突出成就的人与取得中等成就的人几乎做了同样多的工作,他们作出的努力差别很小——只是"多一盎司"。但其结果,所取得的成就及成就的实质内容方面,却经常有天壤之别。

无论在什么领域,一个成功者的成功之处往往就在于他比别人总是多付出一些,比他人多向前迈进一步。谁能多努力一点,多前进一步,谁就能获得千百倍的回报,最终获得成功!

要"多加一盎司",多付出一些努力并不难,比之前付出99%的努力要容易多了,但就是这最后的1%却能带来成功与失败的差别。在球队中,一个比别人多一些练习,多用一点心的队员往往能成为球队的主力,甚至明星;在企业中,一个比别人多做一点,哪怕不是自己分内的事也尽心尽力的员工,往往能得到老板的赏识,进而获得更好的发展。

100%的成功需要100%的意愿。成功的一切结果都是建立在必

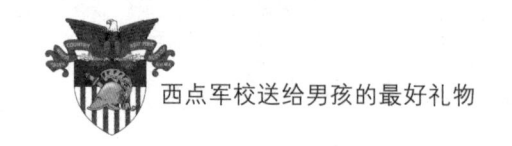

胜信念、尽职尽责做好日常学习和工作的基础上。不要小看一些小事，它往往成为决定成败的关键。

艾森豪威尔在年轻的时候，有一次晚饭后和家人玩纸牌游戏，连续几次抓到了很差的牌，于是他就变得很不高兴，开始抱怨个不停。

这时艾森豪威尔的母亲停下来，神情严肃地对他说："如果你要玩，就必须用手中的牌玩下去，不管那些牌怎么样。人生也是一样，发牌的是上帝，不管怎样的牌你都必须拿着，你能做的就是尽你全力，求得最好的结果。"

很多年过去了，艾森豪威尔一直牢记着母亲的这番话，从未再对生活有过什么抱怨。因为他明白只有以积极乐观的态度去迎接命运的每一次挑战，尽力做好每一件事，才能最终获得你想要的。他也最终从一个默默无闻的平民家庭走出来，一步步地成为中校、"二战"盟军统帅，并最终成为美国历史上第三十四任总统。

不管我们手里是怎样的牌，都要认真地打下去，争取最好的结局，因为这些牌是我们手中仅有的资源。我们唯一的出路就是运用我们仅有的资源，拥有必胜的理念，去夺取最佳的成绩。

男孩们，你们现在手上拿着一副怎样的牌？是否因为牌不好就已经失去了继续玩下去的兴趣？或是因为牌不错就沾沾自喜、得意忘形？又或者你愿意接纳西点军校所奉上的七份礼物，整装出发，带着必胜的信念搏击人生？

心存远大的志向，就是西点军校送给你的第七份珍贵的礼物。

图书在版编目(CIP)数据

西点军校送给男孩的最好礼物 / 杨立军编著. —上海：上海教育出版社，2018.5(2021.8 重印)
ISBN 978-7-5444-8386-5

Ⅰ.①西⋯ Ⅱ.①杨⋯ Ⅲ.①男性-成功心理-通俗读物 Ⅳ.①B848.4-49

中国版本图书馆 CIP 数据核字(2018)第 082757 号

责任编辑　叶　刚
封面设计　周剑峰

西点军校送给男孩的最好礼物
杨立军　编著

出版发行	上海教育出版社有限公司
官　　网	www.seph.com.cn
地　　址	上海永福路 123 号
邮　　编	200031
印　　刷	上海展强印刷有限公司
开　　本	710×1000　1/16　印张 16
字　　数	230 千字
版　　次	2018 年 5 月第 1 版
印　　次	2021 年 8 月第 8 次印刷
书　　号	ISBN 978-7-5444-8386-5/G·6944
定　　价	38.00 元

如发现质量问题，读者可向本社调换　　电话：021-64377165